PALAIS,

MAISONS ET VUES

D'ITALIE.

PALAIS, MAISONS ET VUES D'ITALIE,

MESURÉS ET DESSINÉS PAR P. CLOCHAR, ARCHITECTE.

PUBLIÉ A PARIS,
L'AN 1809.

Déposé à la Bibliothèque Impériale.

DISCOURS PRÉLIMINAIRE.

Après la décadence de la Grèce, Rome hérita de la magnificence d'Athènes. Minerve désertant la Citadelle, vint établir son siége sur le Capitole, et transporta avec elle les beaux-arts en Italie. Cette superbe Péninsule fut bientôt décorée par leurs chefs-d'œuvre, ils se lièrent tellement avec les influences politiques, que pendant les beaux jours de Rome ils furent portés au plus haut période, principalement l'Architecture.

Rome lui rendit les honneurs qu'on ne pouvait refuser à sa majesté, à son ancienneté même, et à cet avantage particulier qui lui permet de transmettre aux siècles les plus reculés la grandeur, la gloire des nations civilisées, et celle des princes qui eurent le bonheur de les gouverner. Elle fut donc honorée comme devait l'être la sœur aînée de la Peinture et de la Sculpture. Dès ce moment, jalouse de conserver sa prédominence, l'Architecture sut employer tous les efforts dont elle était capable pour arrêter sur elle l'admiration du peuple chez lequel elle venait de choisir un asile. Rome vit alors s'élever dans son sein des monumens qui, par leurs beautés, pouvaient rivaliser avec ceux de la Grèce, et l'Italie entière ne tarda pas à s'en voir elle-même enrichie.

Paul-Émile, Auguste, Trajan, Agrippa, emportèrent, pour ainsi dire, avec eux, la protection et l'essor qu'ils avaient donnés aux arts ; les dissentions qui survinrent amenèrent la décadence de l'Empire, et avec elle la ruine de tout ce qui pouvait concourir à sa gloire.

Minerve semblait néanmoins attendre dans la retraite qu'elle s'était choisie, une nouvelle régénération ; il était réservé à Léon X et aux Médicis de triompher des obstacles qui rendaient l'entrée de son temple inabordable. Heureux les artistes qui purent seconder les travaux de ces hommes à jamais célèbres ! heureux ceux qui goûtèrent les premiers le bonheur indicible de rappeler les beaux-arts à leur antique splendeur, et qui purent hasarder, sans craindre qu'on blâmât l'excès de leur enthousiasme, d'ajouter des beautés nouvelles aux beautés dont ils resplendissaient déjà !

O renaissance à jamais mémorable ! Combien les arts et les artistes ne vous sont-ils pas redevables pour la conservation de tant de chefs-d'œuvre et la création de tant de grandes choses ! Que de modèles ne leur avez-vous pas laissés ! Que d'exemples ne leur avez-vous pas donnés ! C'est par vous que chaque ville, chaque bourg, que le moindre petit village offre aux artistes modernes et aux amateurs des objets toujours variés.

Heureux l'artiste qui, de retour dans sa patrie, se trouve possesseur de tout ce qui lui rappelle ces chefs-d'œuvre ! Que d'avantages ! Que de jouissances n'a-t-il pas, toutes les fois qu'il ouvre et parcourt ce dépôt précieux ! Ce sont des temples, des arcs de triomphe, des thermes, restes sublimes de l'ancienne Rome ; des églises, de vastes monastères, des palais, des établissemens publics ; les maisons même des simples particuliers lui rappellent les conceptions des maîtres habiles du XVe siècle. Son imagination se monte et s'enflamme. En conservant ce beau idéal, il fuit la froide et servile imitation, il crée des choses nouvelles conformes aux mœurs, aux besoins, au climat et aux localités qu'il habite.

Depuis que l'Italie est devenue l'Ecole des Artistes de l'Europe, depuis sur-tout que la publication de quelques ouvrages a fait passer à ceux qui ne pouvaient aller eux-mêmes chercher à cette mine féconde, et presque inépuisable, une partie des trésors qu'elle renferme, quels progrès n'a pas fait l'architecture, et quels progrès ne promet-elle pas de faire encore ?

Si les Artistes du XVe siècle ont trouvé leur émulation dans l'étude des monumens romains, ceux de l'ancienne Rome dans les chefs-d'œuvre de la Grèce, les Grecs dans ceux des Egyptiens, et sans doute ceux-ci chez les Indiens, quel avantage sur tous les autres ceux du XIXe siècle n'ont-ils pas de pouvoir consulter et comparer à-la-fois ce qui s'est fait d'âge en âge, et par les maîtres les plus habiles ! Indubitablement tous ces moyens doivent faire naître cette noble émulation qui amène toujours avec elle les progrès et le perfectionnement de l'art.

Persuadé de cette vérité et de l'avantage que procure la connaissance exacte de tous ces modèles, je n'hésite pas à offrir aux Artistes et aux Amateurs une réunion de tous ceux qui m'ont paru dans mon voyage les plus dignes de leur admiration, et qui jusqu'à ce jour sont restés inconnus ou n'ont pas été publiés. Puissent-ils applaudir à mes intentions, et trouver mon travail utile à la propagation du bon goût dans l'art que je professe, je serai plus que dédommagé des peines, des soins et des recherches que j'ai été obligé de faire pour pouvoir leur présenter un recueil qui fût digne de leur attention et de leur bienveillance !

Pl. 1

Vue de la Rampe du Capitole et de l'Eglise de S.te M. d'Araceli à Rome.

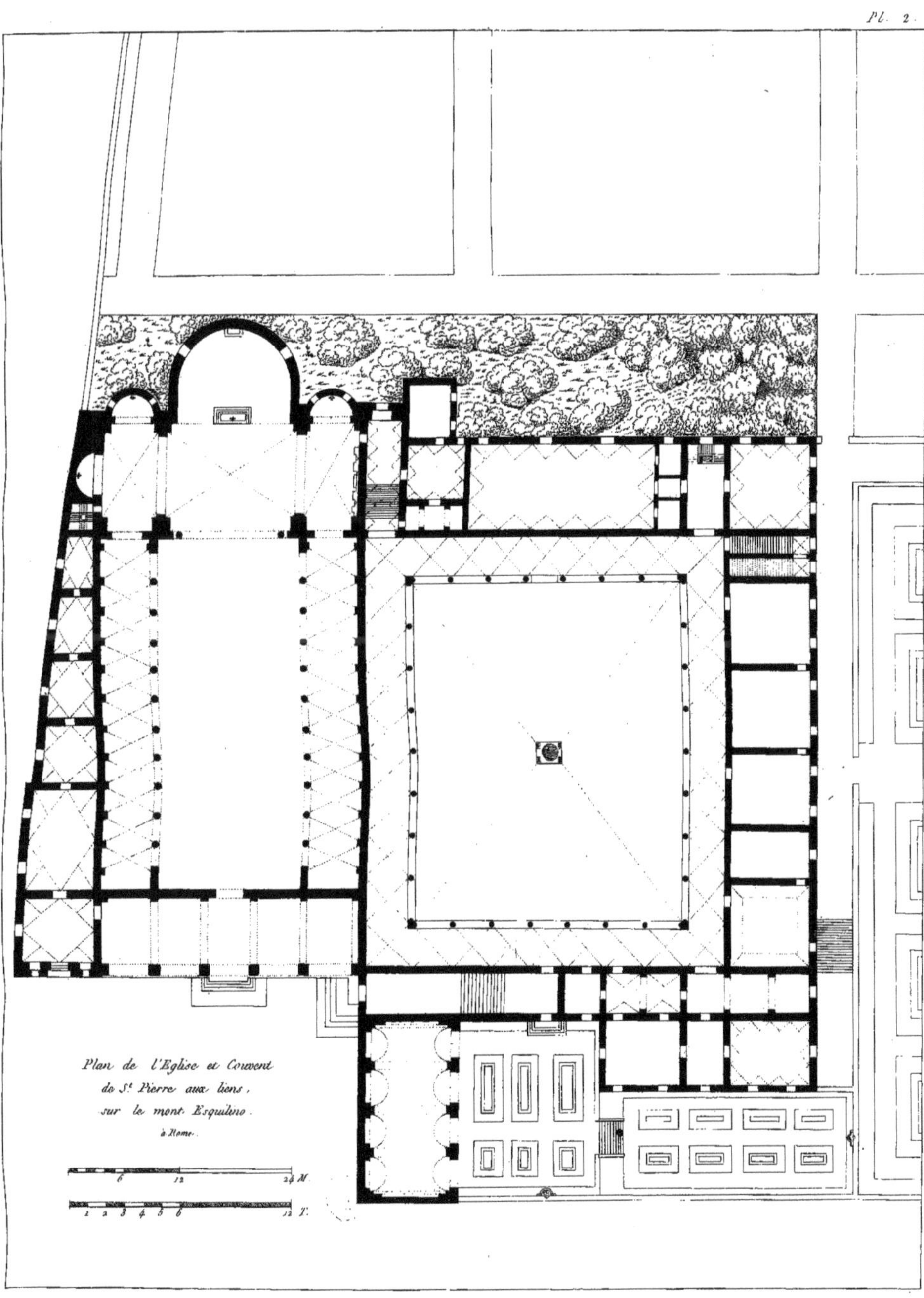
Plan de l'Eglise et Couvent
de St. Pierre aux liens,
sur le mont Esquilino.
à Rome.
6 12 24 M.
1 2 3 4 5 6 12 T.

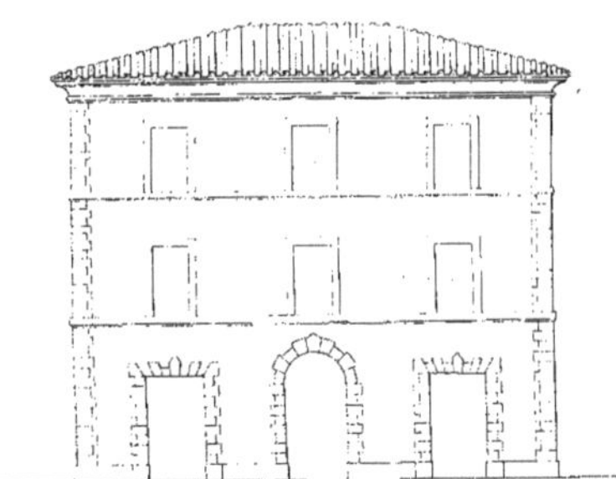

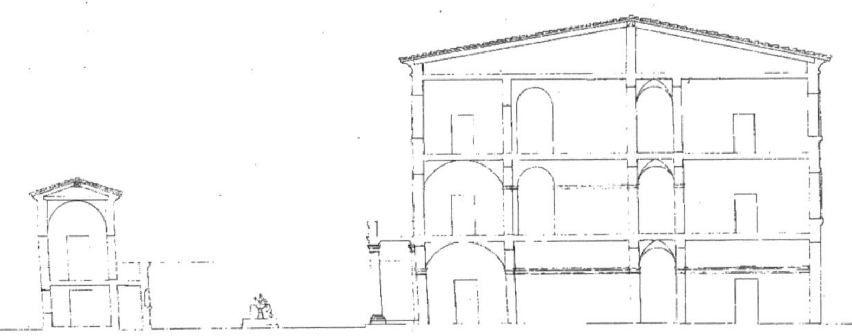

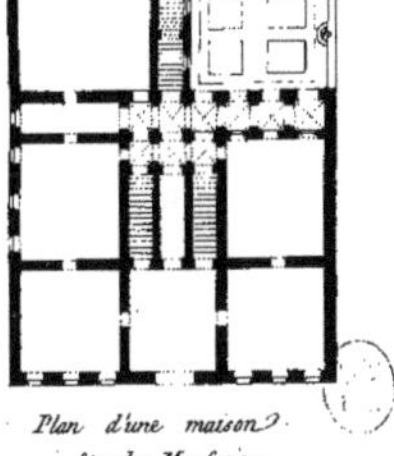

Plan d'une maison
Strada Marforio.

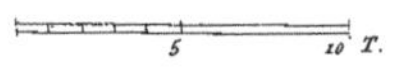

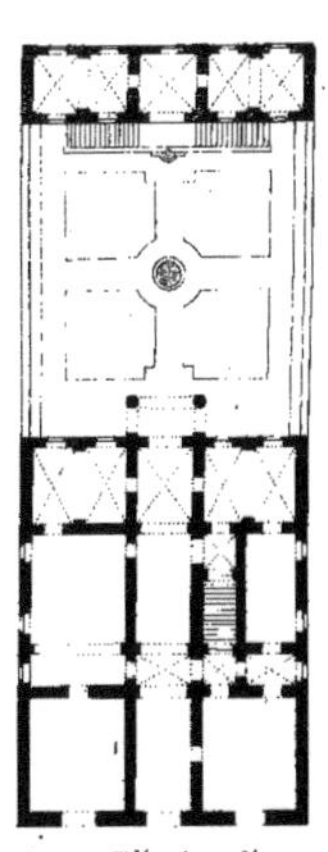

Plan, Coupe. Élévation d'une maison
Strada Rosella à Rome.

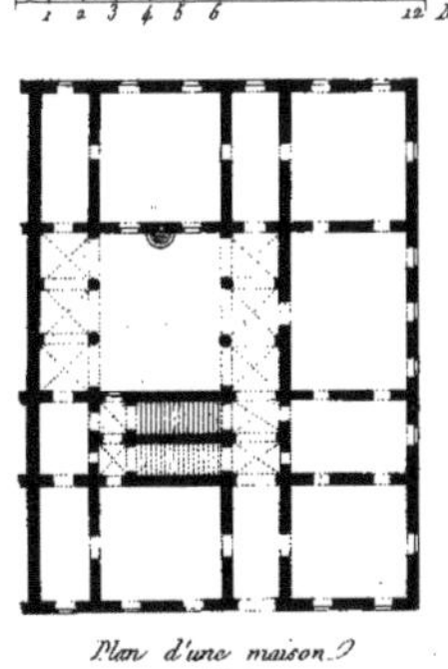

Plan d'une maison
place Madame.

Pl. 4

B

Vue d'une Cour Strada de' Pettinari à Rome.

Élévation du Palais de la grand'garde à Padoue.

Élévation du Palais Quaratesi via tornabuoni. à Florence.

1 2 3 4 5 10 T.
5 10 15 20 M.

Thierry sc.

Pl. 6.

Vue du Pont sur l'Anieno à Subiaco.

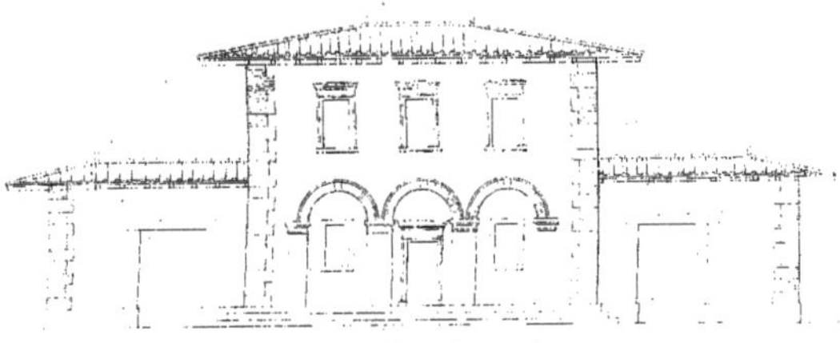

Élévation d'un Casin, via Baluardo della Serpe.

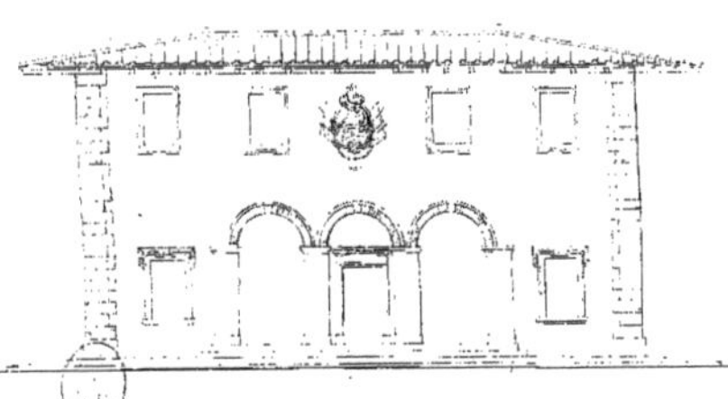

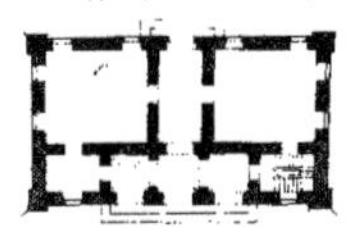

Plan et Élévation du Casin de chasse du grand Duc aux Cascine à florence.

Pl. 8.

J. K. Thierry Sc.

Vue du Petit cloitre des Chartreux sur les Thermes de Dioclétien à Rome.

Vue de l'Arc de Trajan à Ancone.

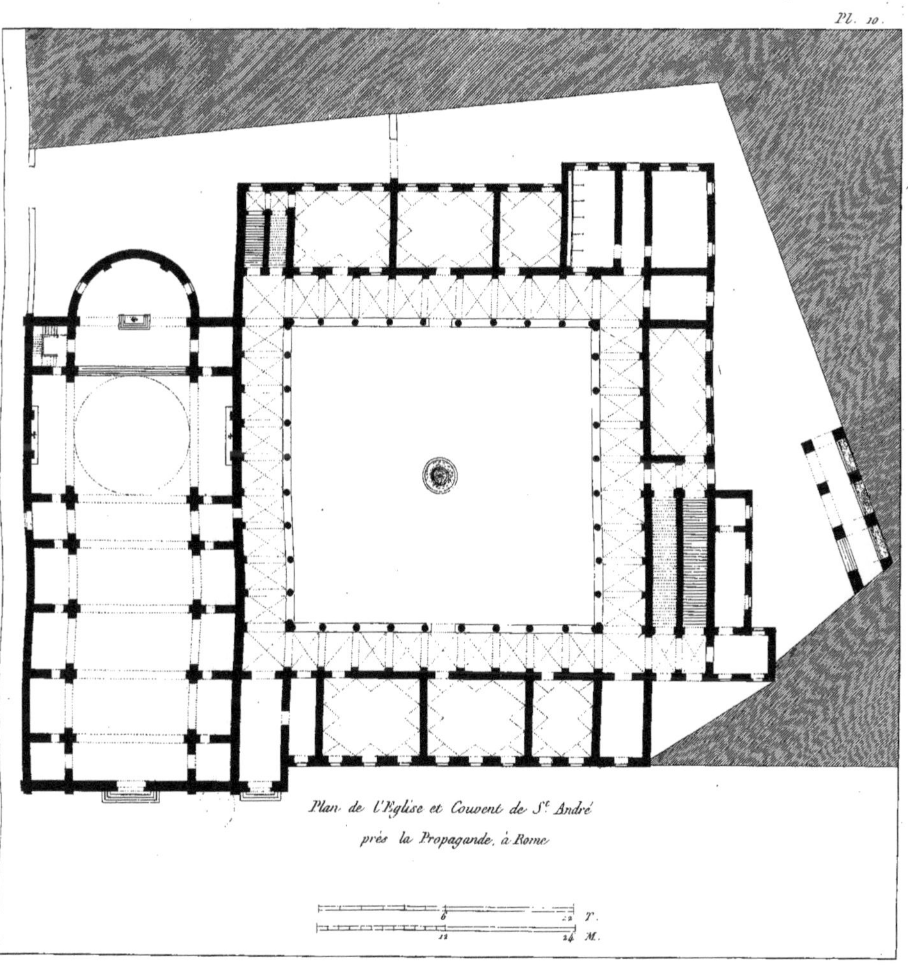

Plan de l'Eglise et Couvent de S.t André près la Propagande, à Rome

Pl. 11.

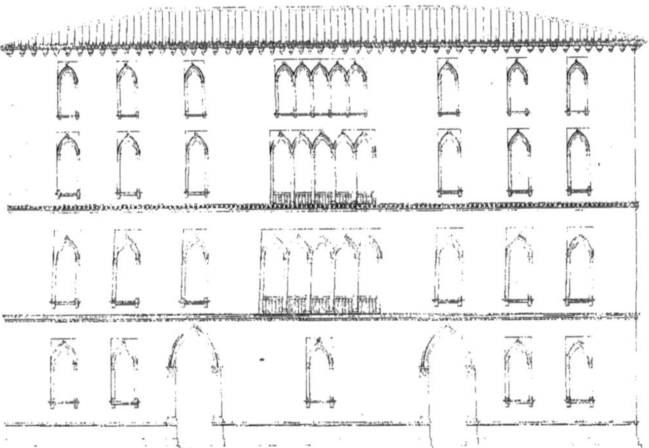

Élévation sur le Canal.

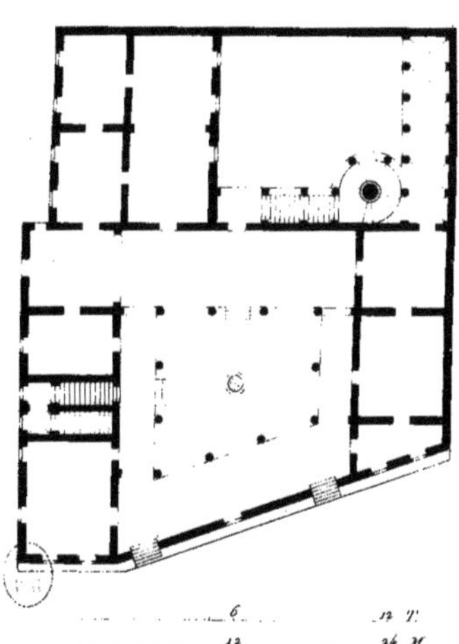

Plan du Palais della Scala près S. Paternian à Venise.

C. Normand s.

Vue d'une fabrique, sur les prairies Quintées, à Rome.

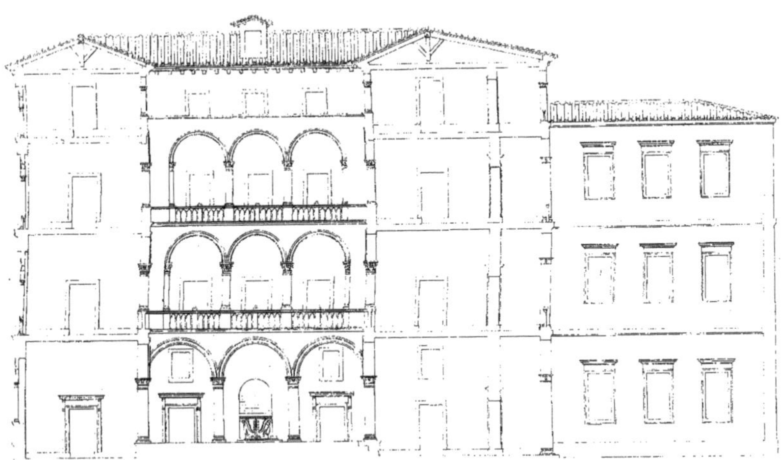

Coupe du Palais della Scala à Venise.

6 12 T.
12 24 M.

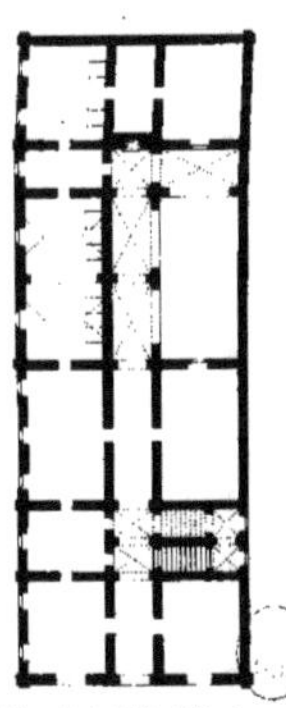

Plan de la Villa di Londra, Place d'Espagne

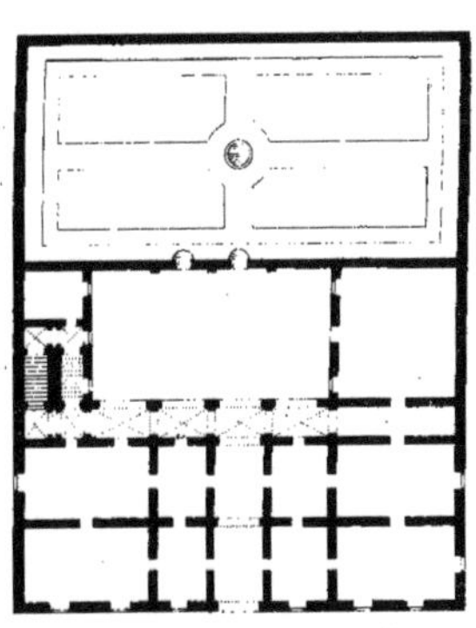

Plan d'une Maison Strada felice, à Rome.

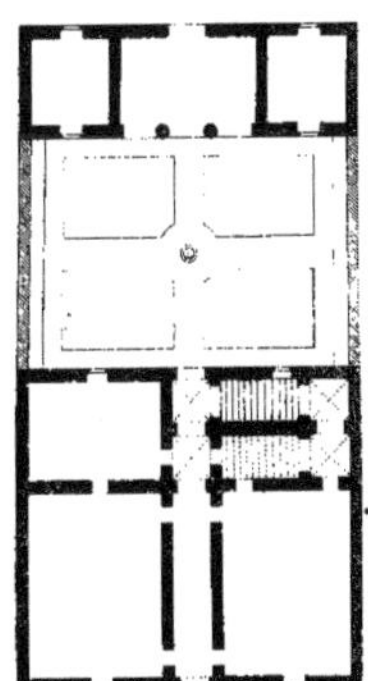

Plan d'une Maison Strada San Francesco

6 12 T.
12 24 M.

C. Normand. S.

Vue de la rive gauche de l'Arno, à Florence.

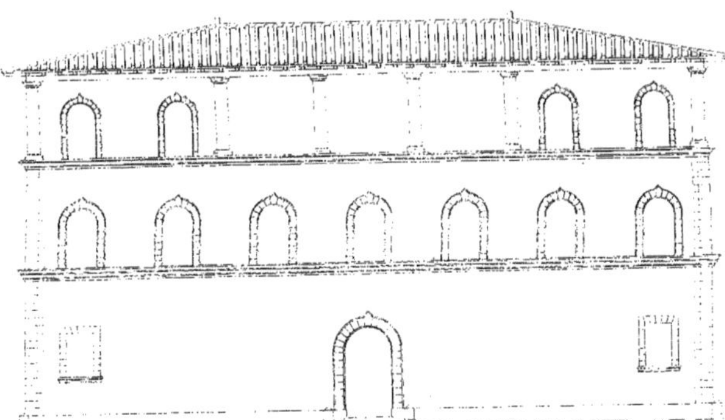

Élévation d'une Maison rue des Arquebusiers.

Élévation du Palais Gianfigliazzi, via Lungarno.

7 14 T.

Hibon S.

Vue d'une Arcade du Colisée et du Temple du Soleil et de la Lune à Rome.

Vue des trois Colonnes du Temple de Jupiter Stator, au Campo Vaccino, à Rome.

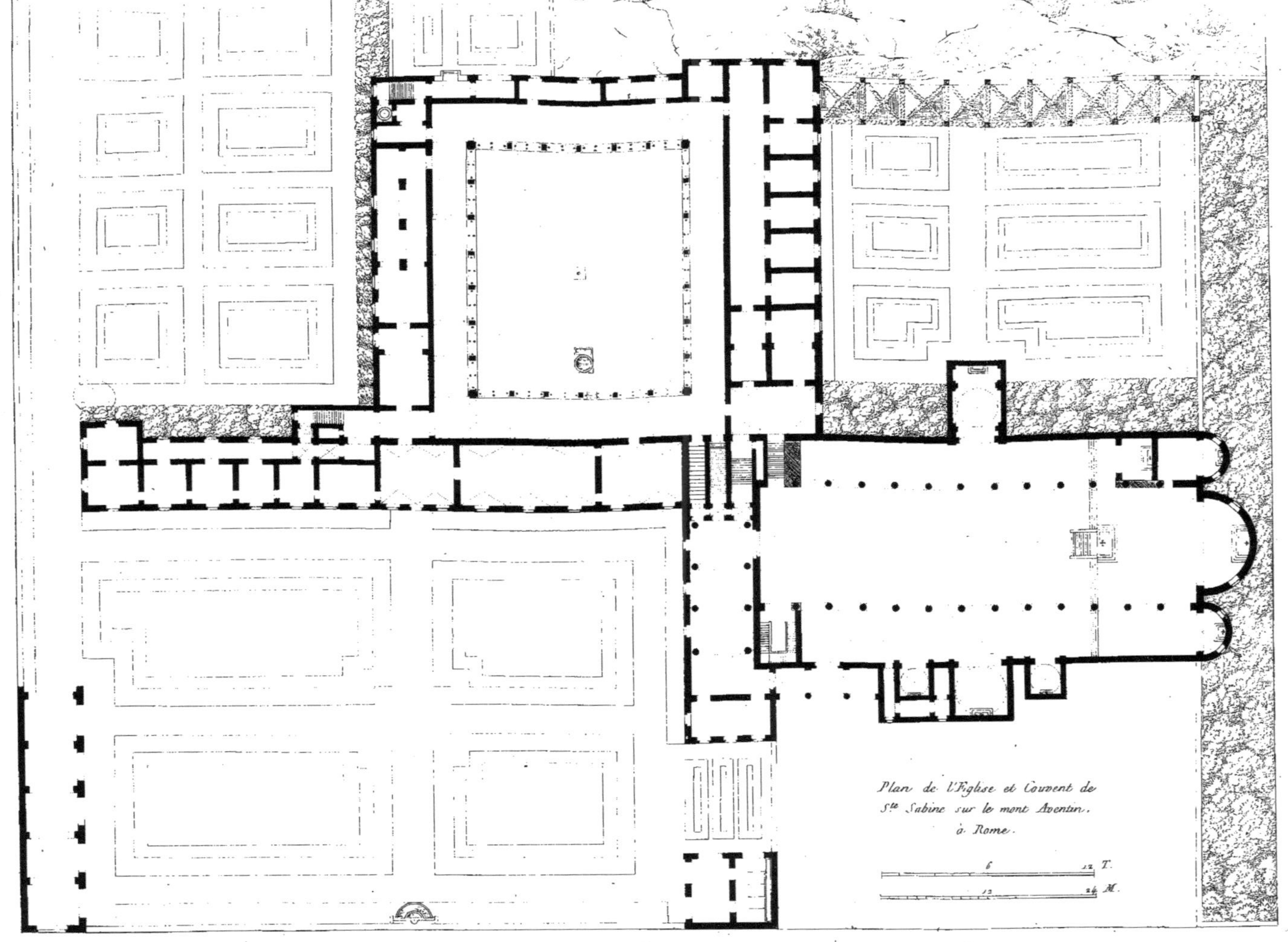
Plan de l'Eglise et Couvent de
Ste Sabine sur le mont Aventin,
à Rome.
6
12 T.
12
24 M.

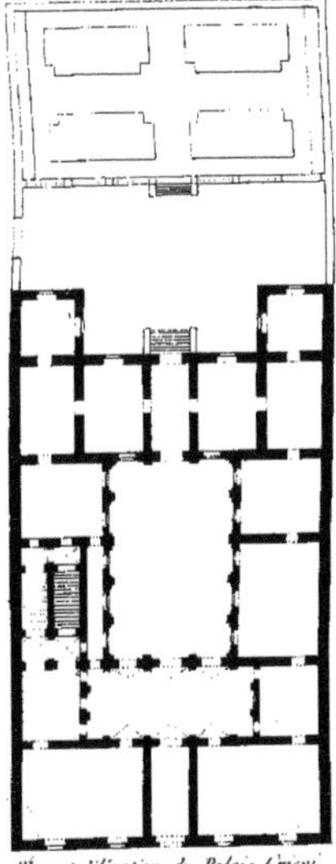

Plan et Élévation du Palais Crispi près le Jesu, à Ferrare.

P. Cl. Sc.

Pl. 20.

Benic et P. Cl. Sc.

Vue de la Villa Farnesiana, sur les restes du Palais d'Or, à Rome.

Coupe du Palais Crispi, à Ferrare.

10 — 20 M. — 5 — 10 T.

Plan d'une Maison
Strada Felice, à Rome.

10 — 20 M.

Plan d'une Maison
Strada delle Muratte à Rome.

Plan d'une Maison
Strada del Orso, à Rome.

5 — 10 T.

J. B. Thierry Sc.

Pl. 22.

Bence et P. C.e Sc.

Vue de la papeterie, à Subiaco.

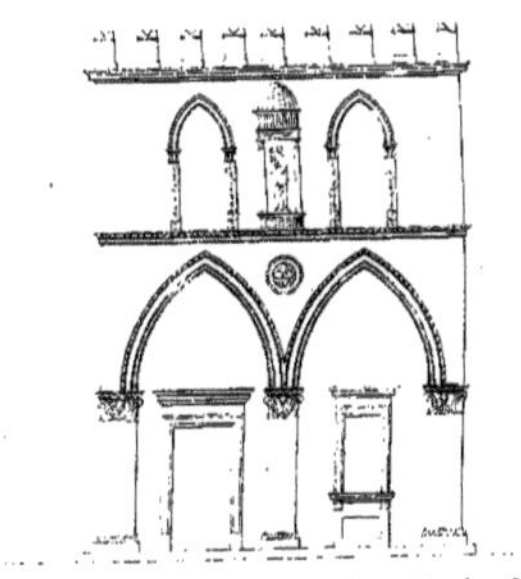

Élévation de la Bourse des Marchands, à Bologne.

Élévation d'un palais près S. Benedetto, à Venise.

C. Normand Sc.

Pl. 24.

Dorco et P. C[e]. Sc.

Vue de l'Église de S[t]. André Hors la porte du Peuple, à Rome.

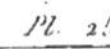

Vue de l'arc d'Auguste à Rimini.

Benoit et P. C. Sc.

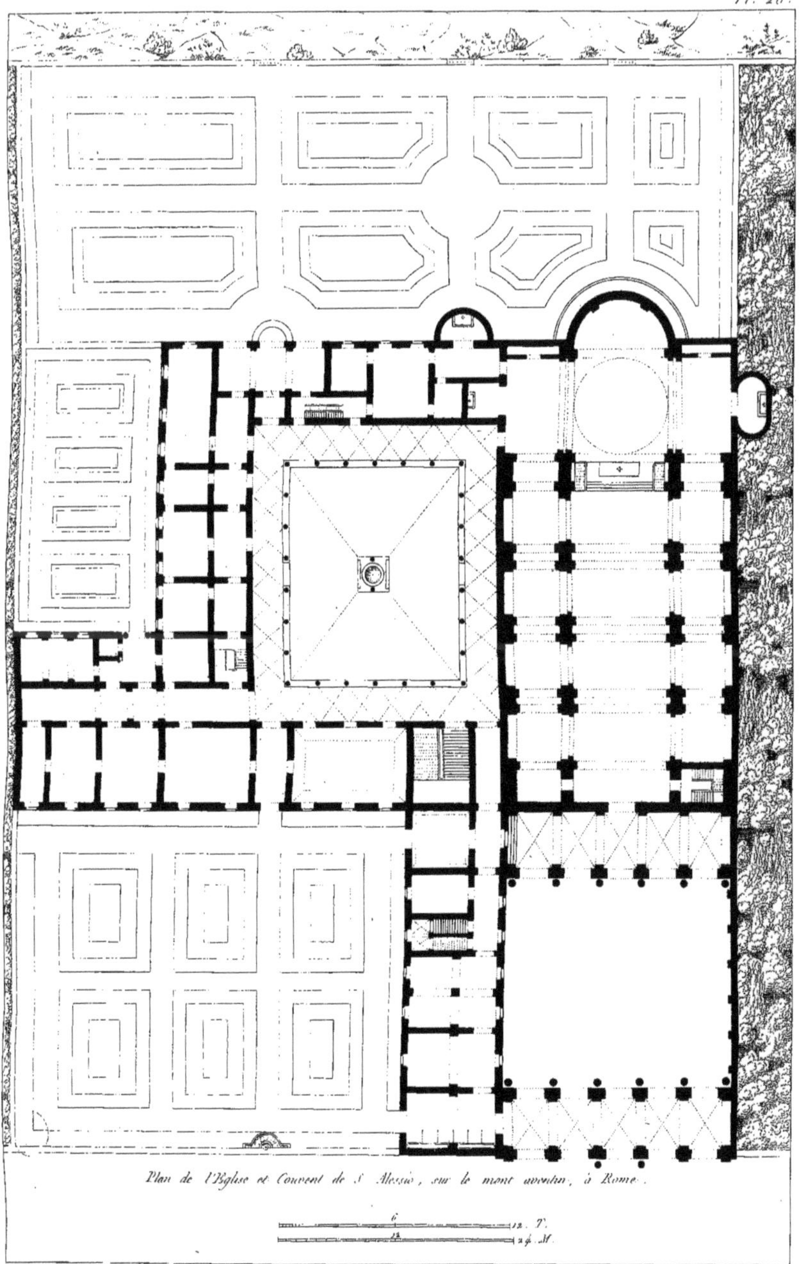

Plan de l'Eglise et Couvent de S. Alessio, sur le mont aventin, à Rome.

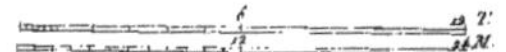

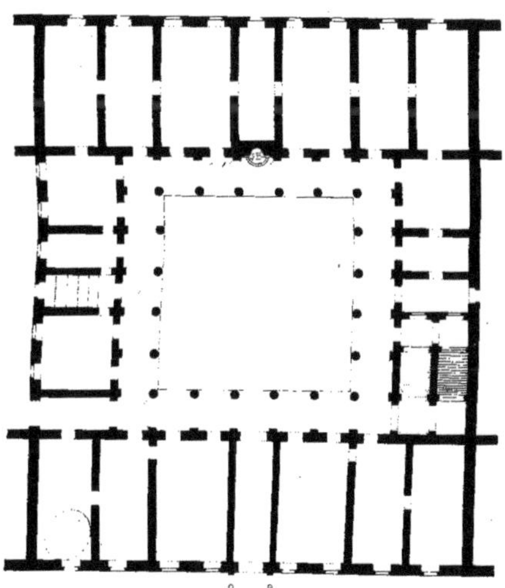

Plan et Élévation du Palais du Commendeur du S.t Esprit, à Rome.

6 12 T.
12 24 M.

Pl. 28

Vue de la Roche Tarpeienne, à Rome.

Coupe du Palais du Commendeur du S.t Esprit, à Rome.

6 12 T.
24 24 M.

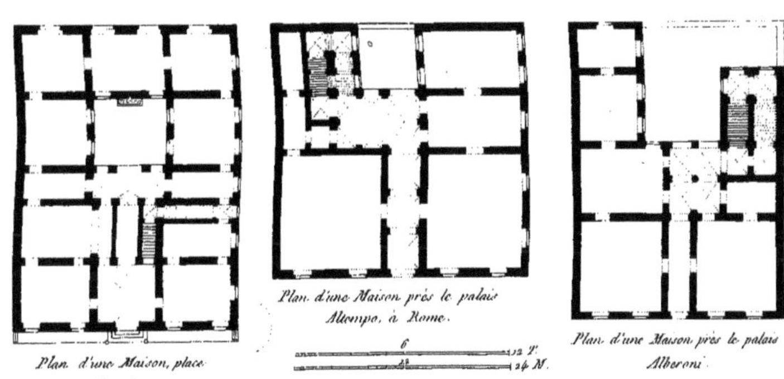

Plan d'une Maison, place Borghese.

Plan d'une Maison près le palais Altempo, à Rome.

6 12 T.
24 24 M.

Plan d'une Maison près le palais Alberoni.

Vue d'une fabrique en face de S.te Marie della scala à Rome.

Renoe et P. C. Sc.

Élévation d'une Maison de Campagne
dans la plaine de Chamberi.

Élévation d'un Palais en face
celui Pitti, à Florence.

6 12 T.
12 24 M.

Vue du grand cloître des chartreux sur les Thermes de Dioclétien à Rome.

Bence et P. C. Sc.

Vue de la Colonne isolée derriere le Capitole à Rome.

Renie et P. C. Sc.

Pl. 34

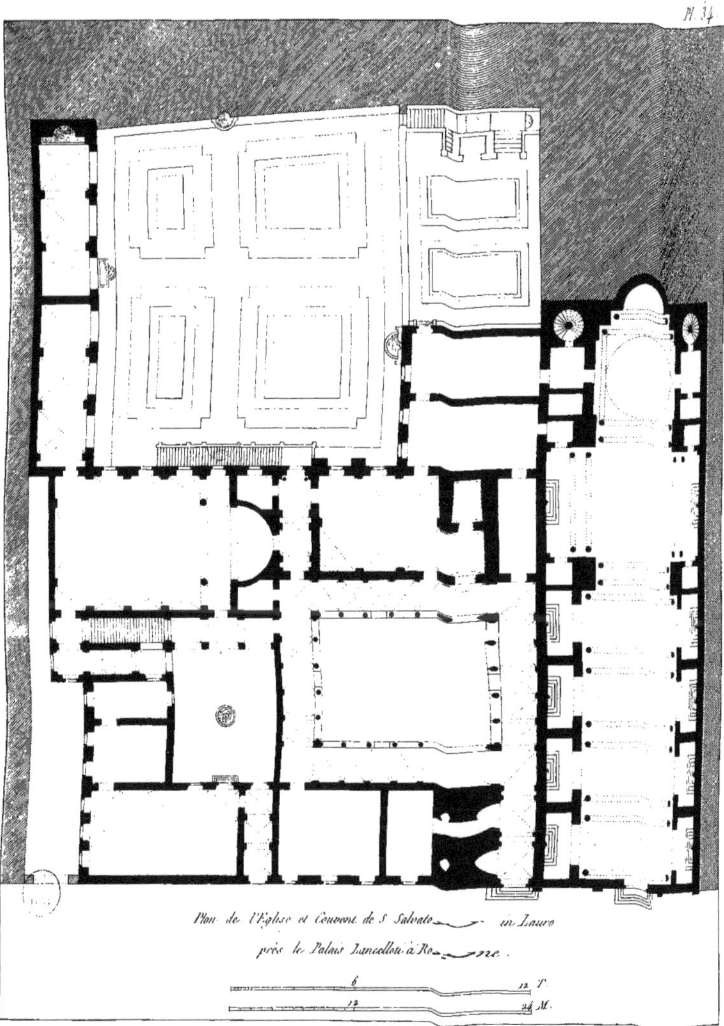

Plan de l'Eglise et Couvent de S. Salvatore in Lauro près le Palais Lancelloti à Rome.

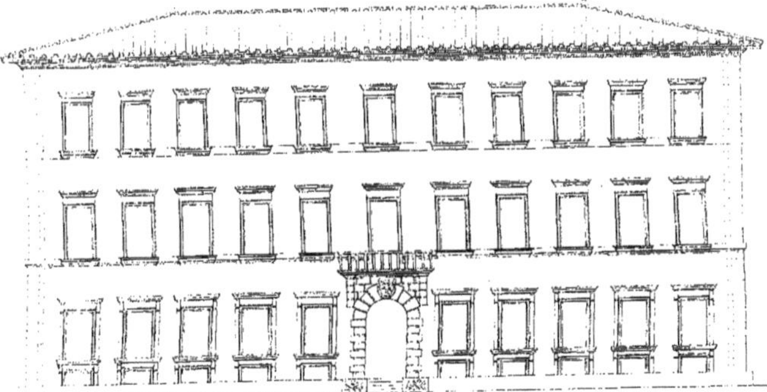

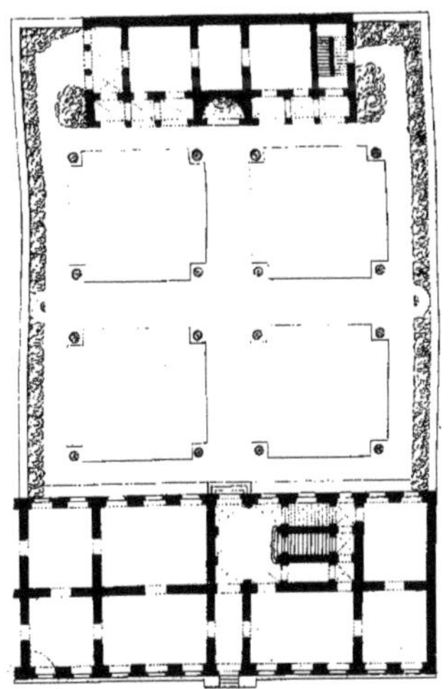

Plan et Élévation du palais Bufalo. Strada della chiavica del bufalo, à Rome.

6 12 T.
12 24 M.

Pl. 36.

Vue d'une fabrique, près S.t Sebastien hors les murs, à Rome.

Bence et P. C. Sc.

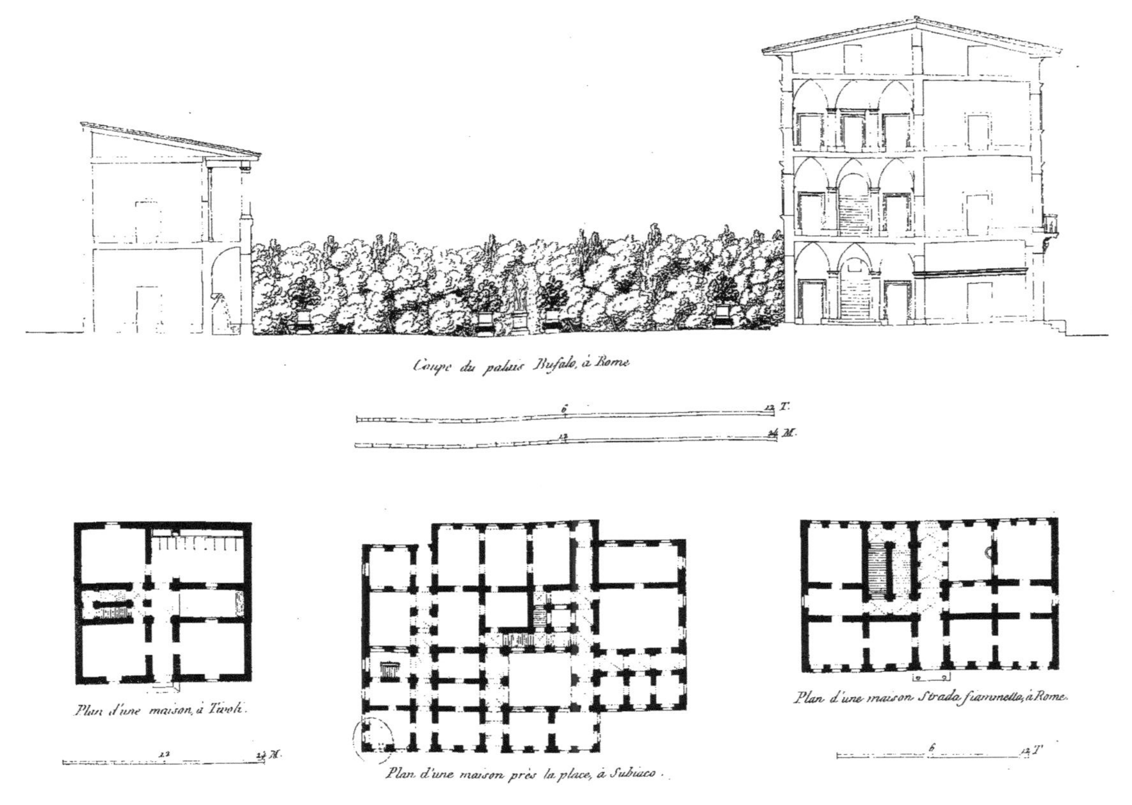

Coupe du palais Bufalo, à Rome.

Plan d'une maison, à Tivoli.

Plan d'une maison près la place, à Subiaco.

Plan d'une maison Strada fiammetta, à Rome.

Vue de la porte de Rome à Tivoli.

Bence et P. C. Sc.

Coupe.

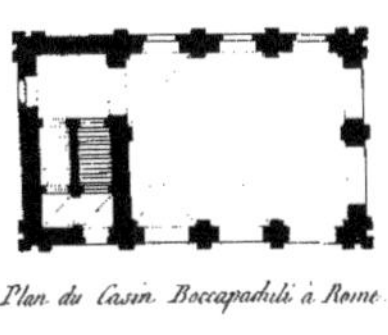

Plan du Casin Boccapaduli à Rome.

Élévation sur le Jardin.

R. Sculp.

Vüe de la Gallerie du 1.er Étage du Colisée, et du Couvent de S.t Bonnaventure à Rome.

Vue de l'arc de Septime Severe, au moment des fouilles, à Rome.

Bence et P. C. Sc.

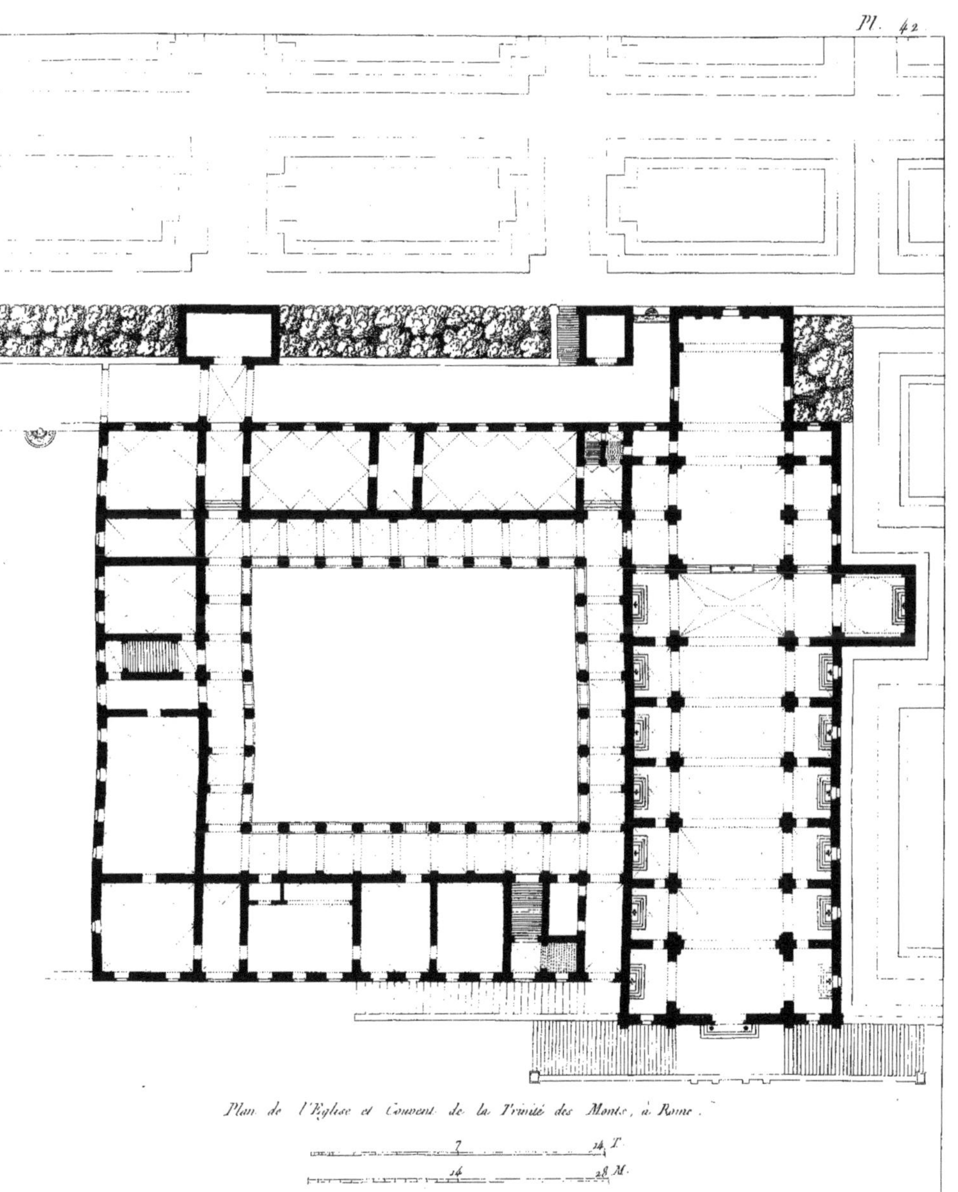

Plan de l'Eglise et Couvent de la Trinité des Monts, à Rome.

Pl. 43.

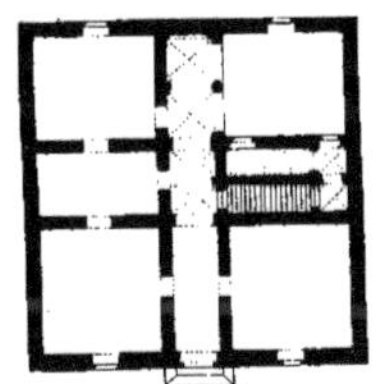

Plan, Élévation et coupe du petit palais Borghese place Rondinina, à Rome.

Pl. 44.

Vue d'une fabrique près S.t Vital à Rome.

Bence et P. C. Sc.

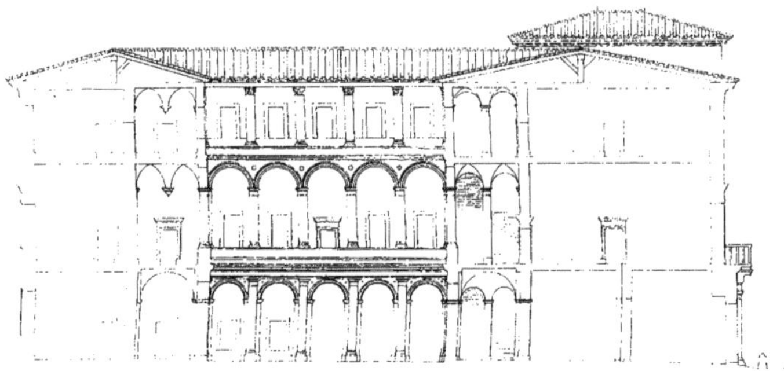

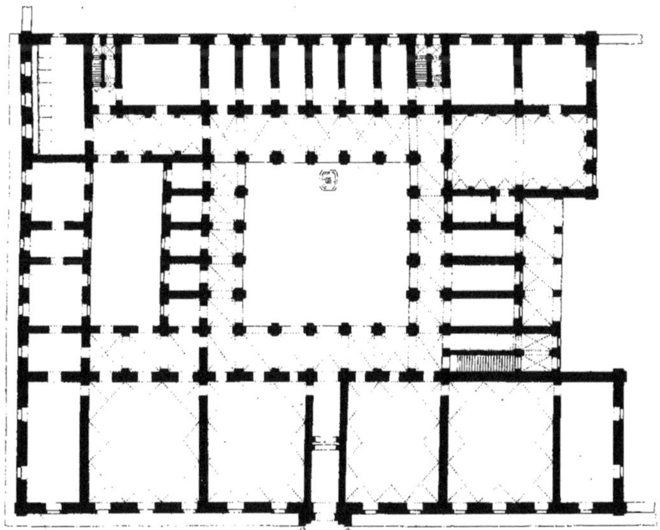

Plan et coupe du palais du St. Office, à Rome.

Pl. 46.

Vue du Tombeau de Pompée le grand, sur la route d'Albano, à la Riccia.

Bence et P. C. Sc.

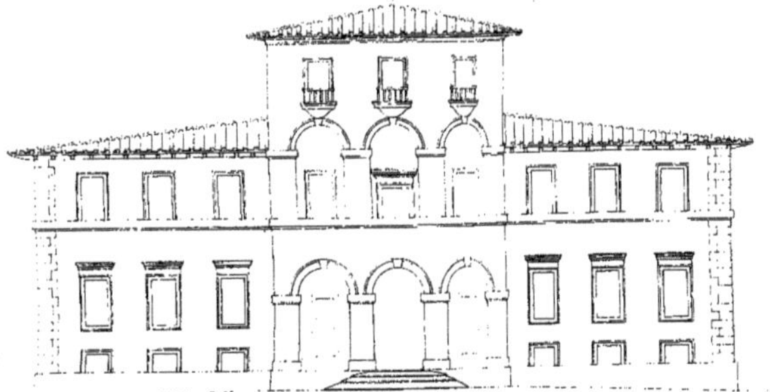

Élévation d'une Maison, à Marino.

Élévation latérale de la Villa Chigi, à la Riccia.

Vue du Puits et Cloître du Couvent de la S.te Annonciade, hors la porte S. Mamolo, à Bologne.

Renet et P. C. Sc.

Vue d'une chapelle, sur la route de Fiezolé, à Florence.

Bence et P. C. Sc.

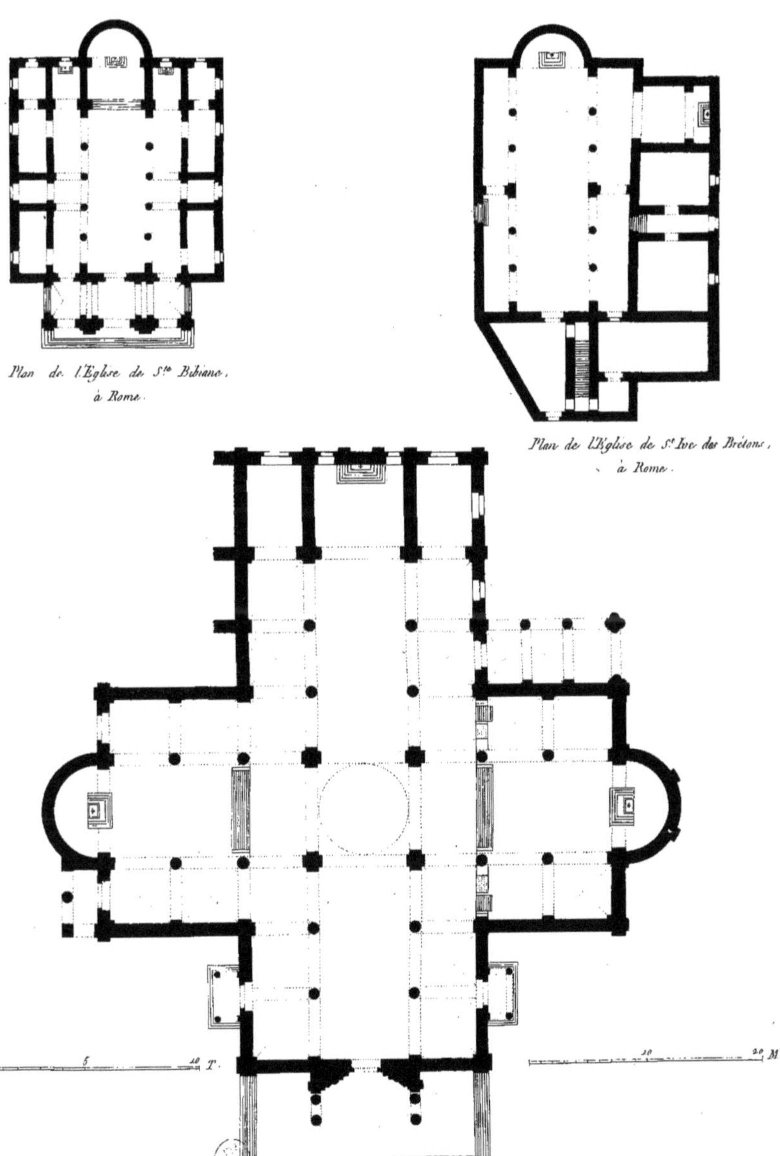

Plan de l'Eglise de S.te Bibiane, à Rome.

Plan de l'Eglise de S.t Ive des Brétons, à Rome.

Plan de l'Eglise de S. Giriaco à Ancone.

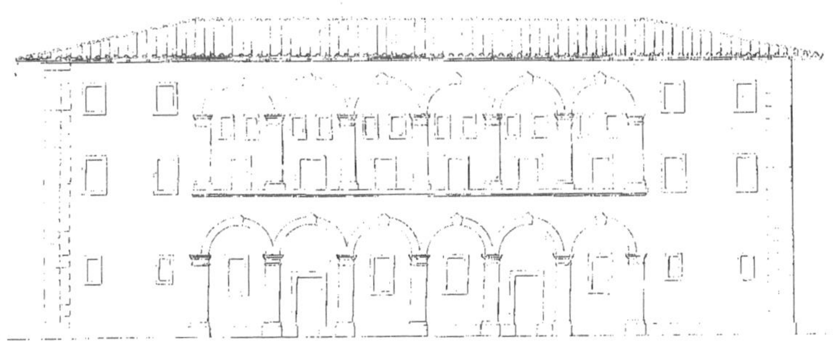

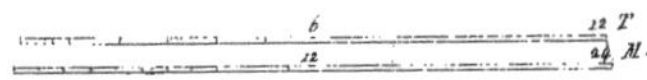

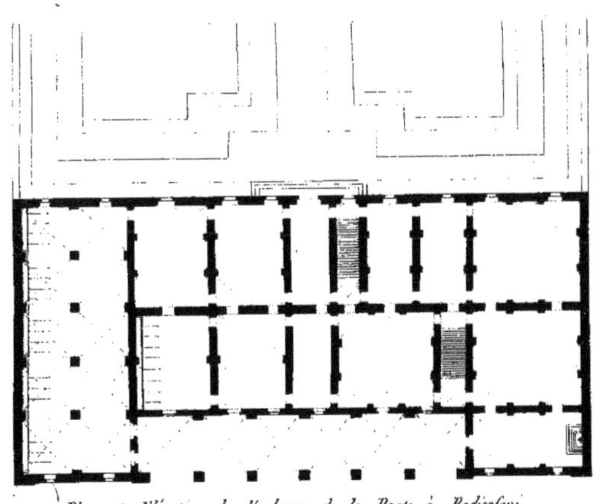

Plan et Élévation de l'auberge de la Poste à Radicofani.

6 12 T.
12 24 M.

Vue d'une fabrique sur le tombeau des Scipions, à Rome.

Bence et P. C. Sc

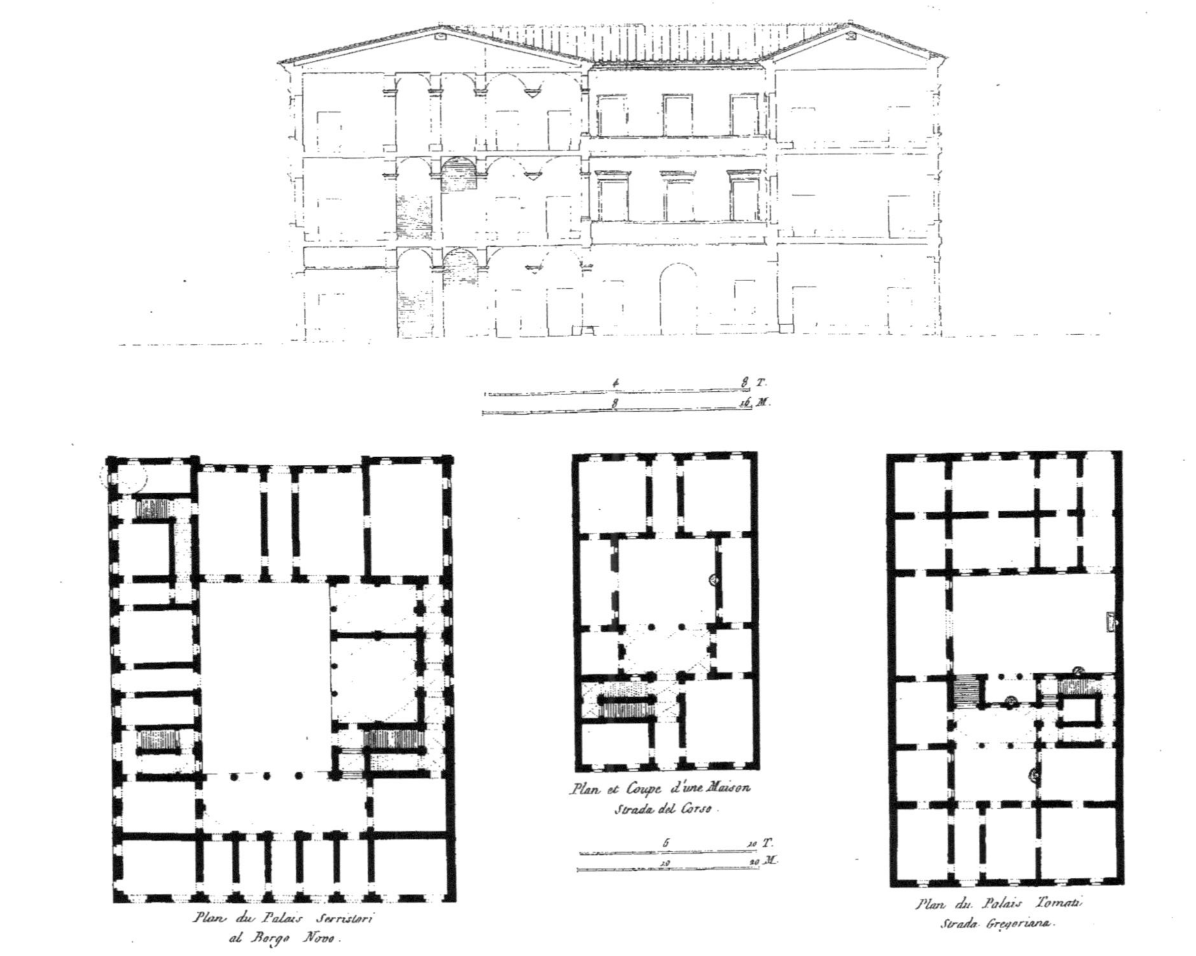
4 8 T.
8 16 M.
Plan du Palais Serristori
al Borgo Novo.
Plan et Coupe d'une Maison
Strada del Corso.
5 10 T.
10 20 M.
Plan du Palais Tomati
Strada Gregoriana.

Pl. 54.

Vue de la descente des Ecuries de Mécène, et de la Villa d'Est, à Tivoli.

Bence et P. C. Sc.

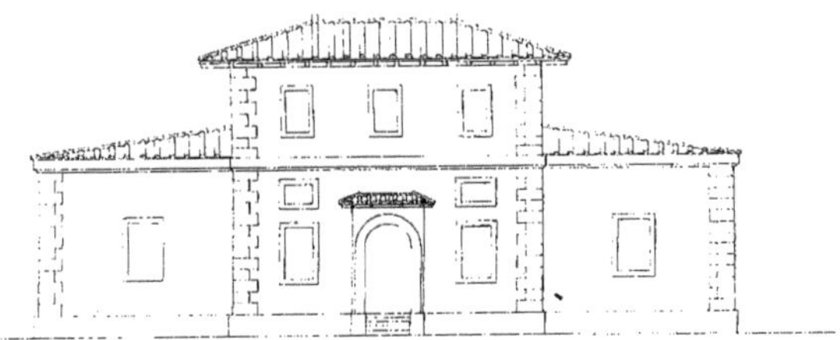

Élévation d'une Maison à Castel-gandolfe.

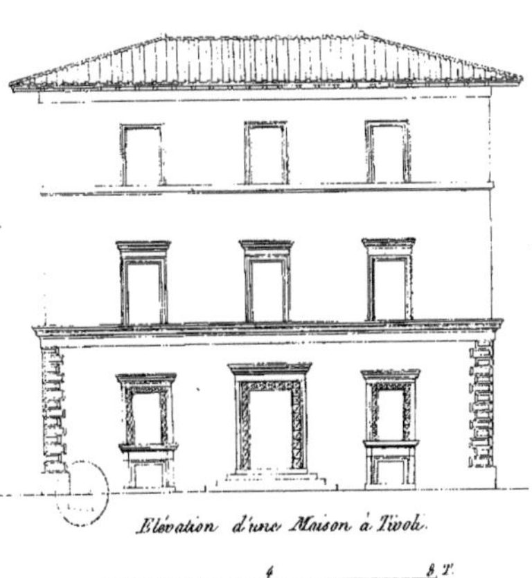

Élévation d'une Maison à Tivoli.

Vue d'une fabrique en face du fort S.t Ange, à Rome.

Bance et P. C. Sc.

Vue de l'escalier du Capitole à Rome.

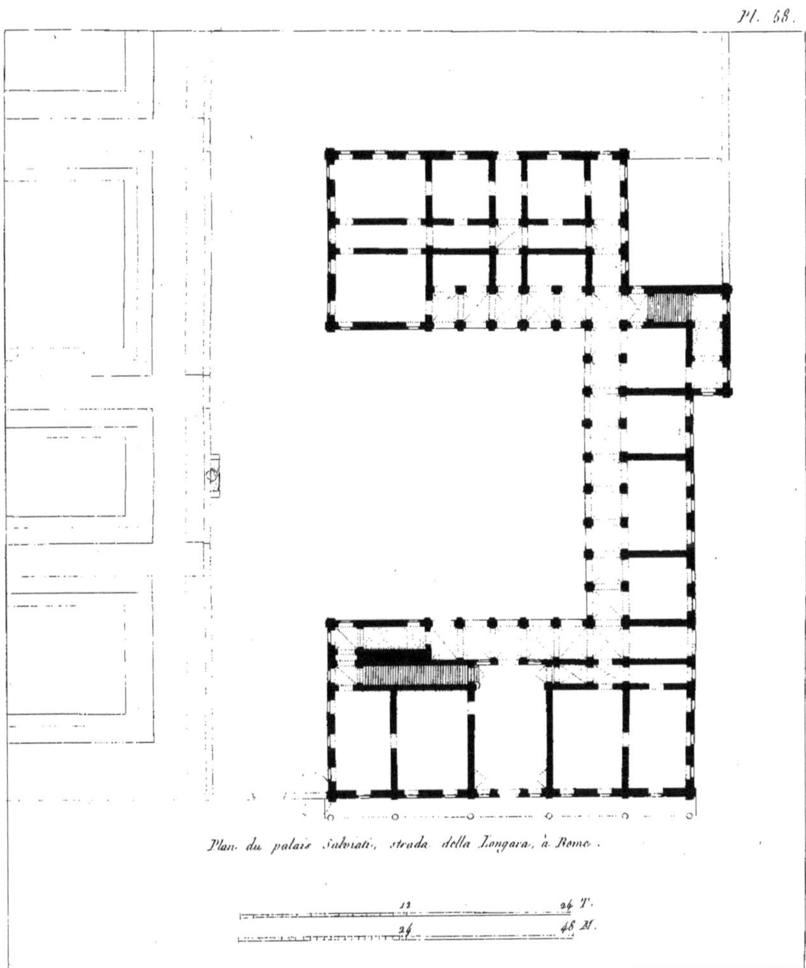

Plan du palais Salviati, strada della Longara, à Rome.

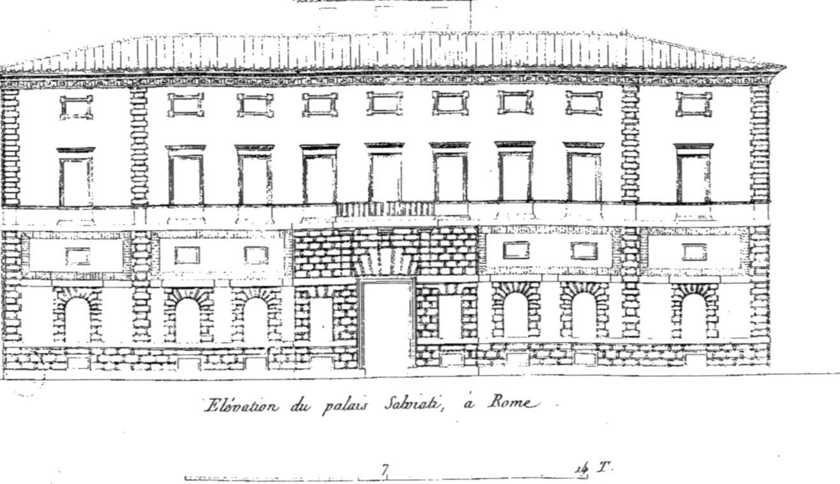

Élévation du palais Salviati, à Rome.

Vue de la Cour d'un palais sur la place de Venise, à Rome.

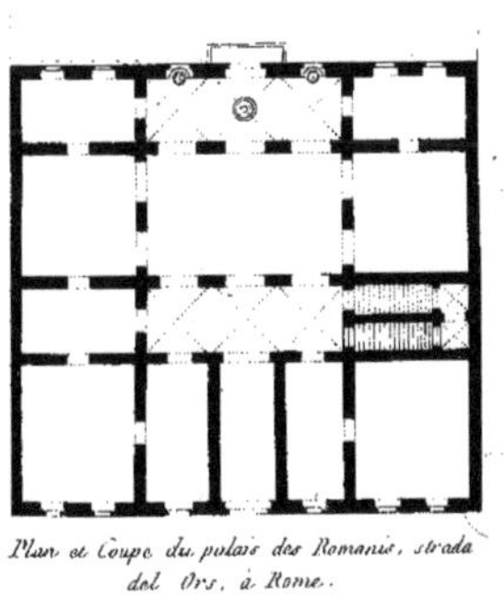

Plan et Coupe du palais des Romanis, strada del Ors, à Rome.

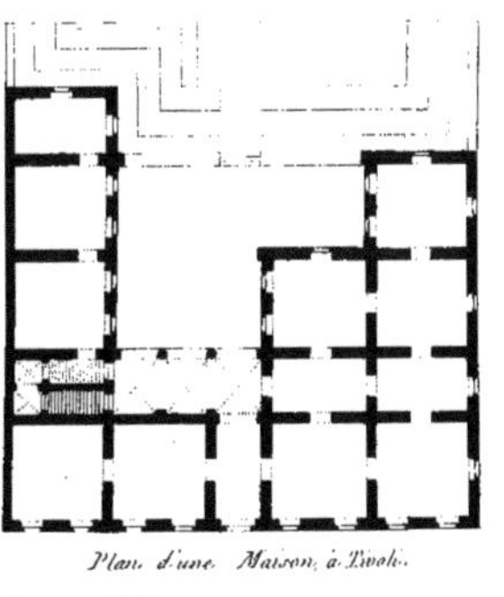

Plan d'une Maison, à Tivoli.

7 14 T.
14 28 M.

Pl. 62.

Vue d'une Eglise près la porte de Florence, à Empoli.

Bence et P. C. Sc.

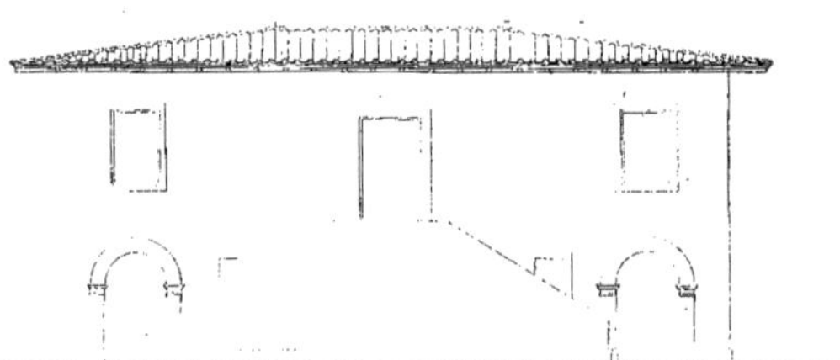

Élévation d'une ferme, vis-à-vis castel Madame, près Rome.

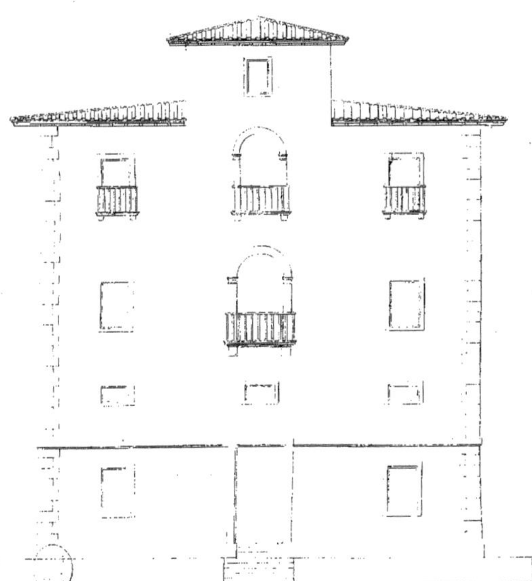

Élévation du Couvent du Crucifix, à Marino.

Vue d'un Monument sépulcral sur la route de Caserte à Capoue.

Bence et P. C. Sc.

Vue du tombeau de la mere de Théodoric, à Ravenne.

Bence et P. C. Sc.

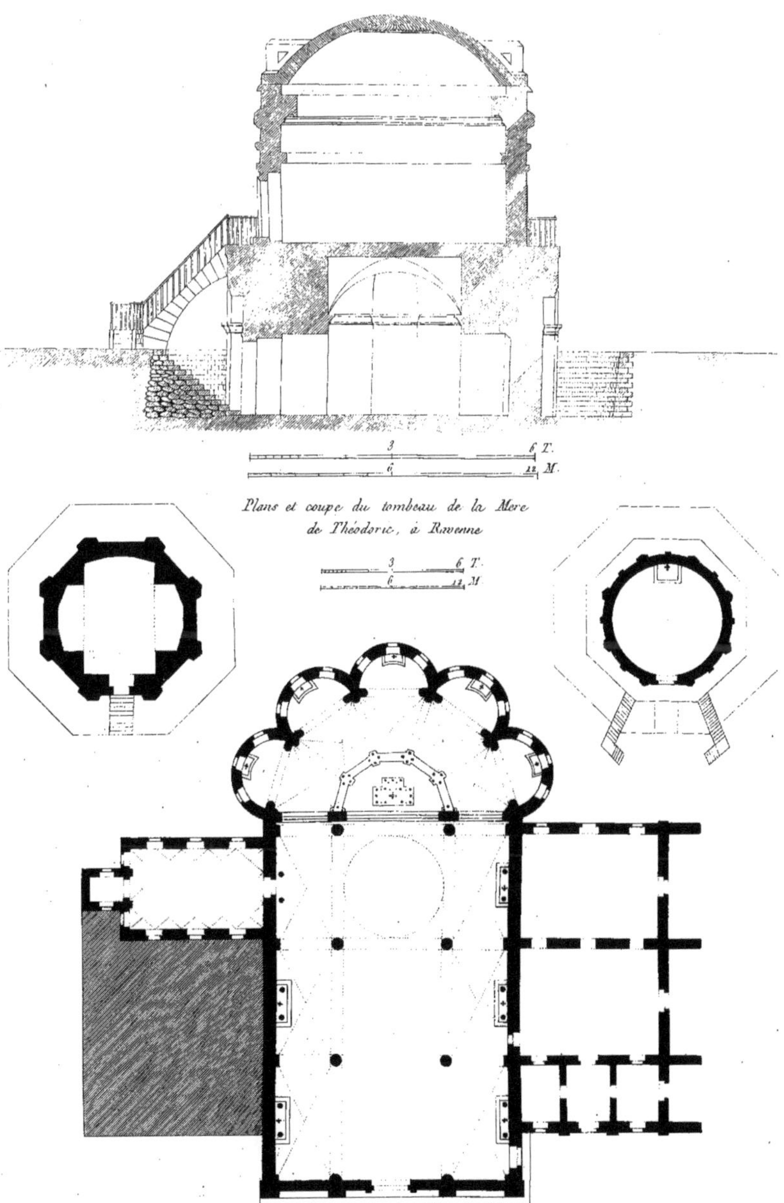

Plans et coupe du tombeau de la Mere de Théodoric, à Ravenne

Plan de l'Eglise de St. Zacarie, à Venise.

Plan et Élévation d'une maison à Tivoli.

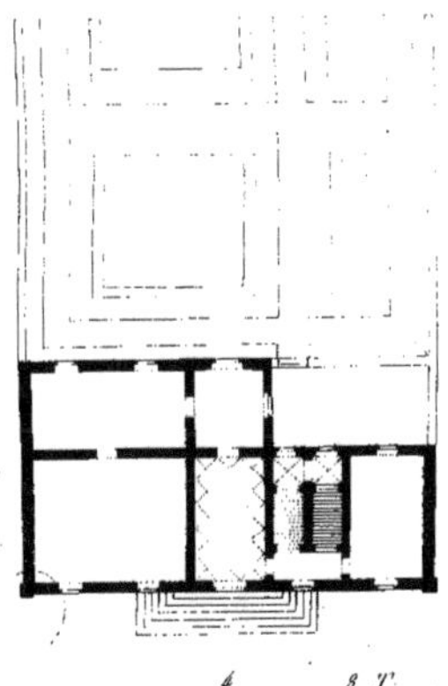

Pl. 68.

Vue d'une fabrique dans la villa Borghese, à Rome.

Bouc et P. C. Sc.

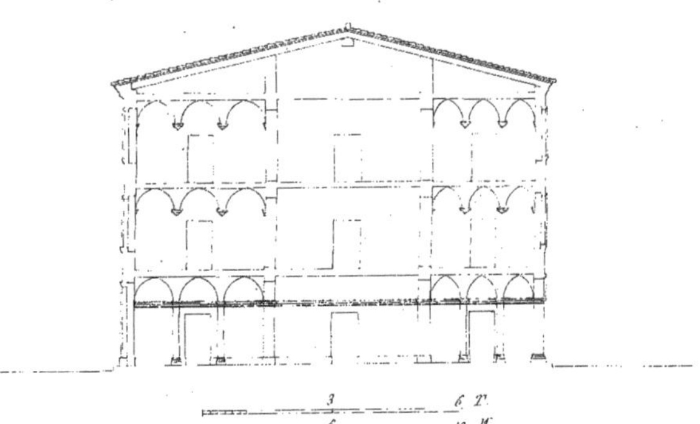

Plan et coupe d'une maison
al Borgo dé Lanari, à Gênes.

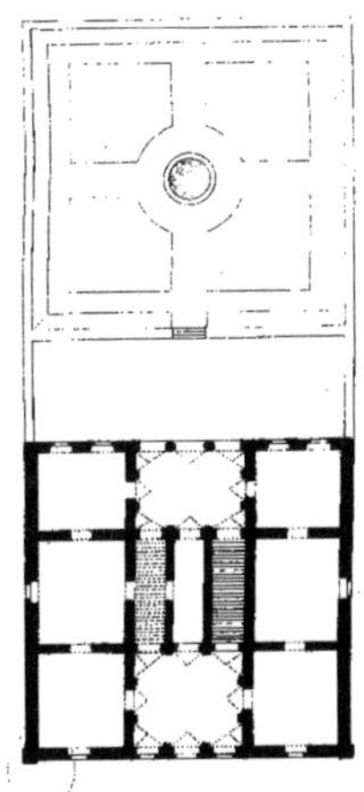

Vue d'une fabrique sur la rive droite du Tibre, à Rome.

Renou del. P. C. Sc.

Élévation d'une maison, près la Madonna di S. Luca, à Bologne.

Élévation d'une maison, à Tivoli.

4 8 T.
8 16 M.

Vue intérieure des Thermes de Dioclétien, à Rome.

Bouce et P. C. Sc.

Vue de l'arc de C. Auguste, à Suse.

Bence et P. C. Sc.

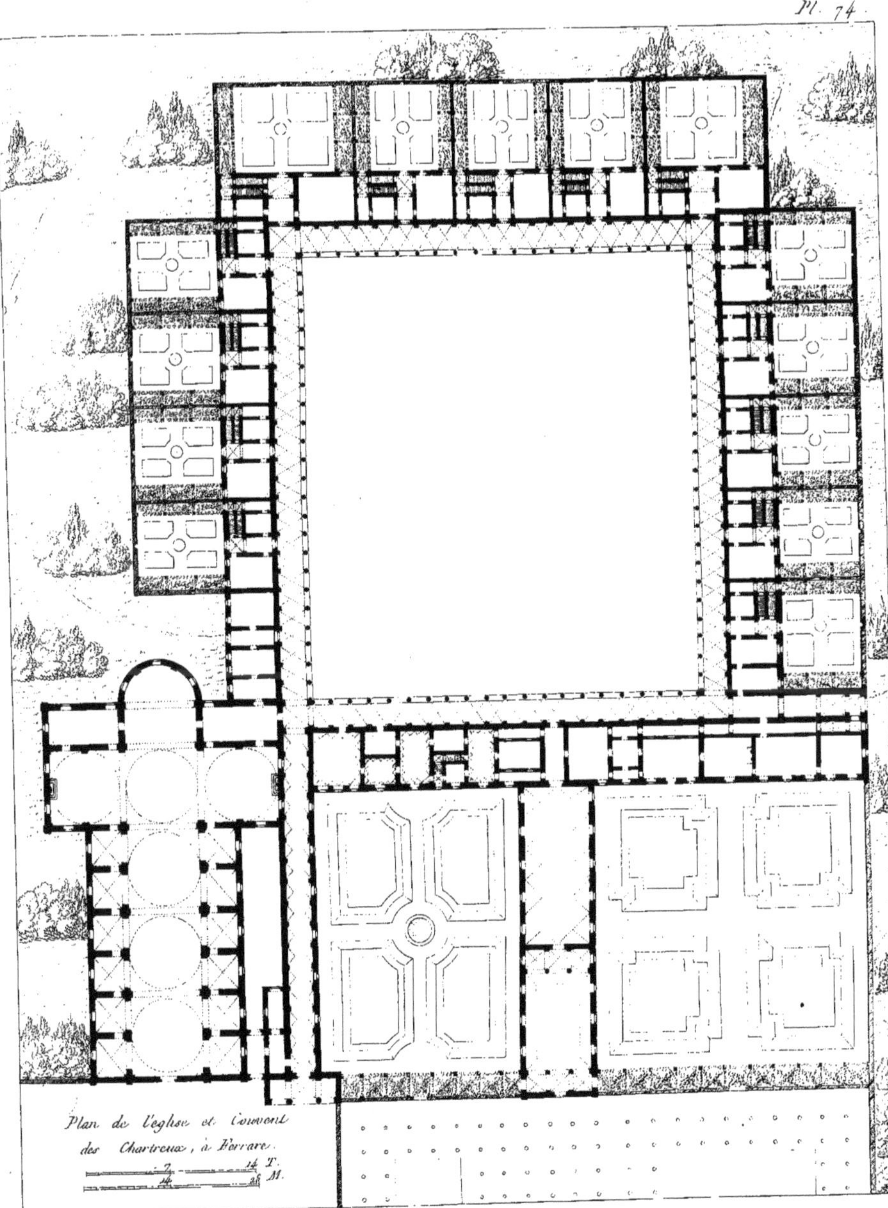

Plan de l'église et Couvent des Chartreux, à Ferrare.

7 14 T.
14 28 M.

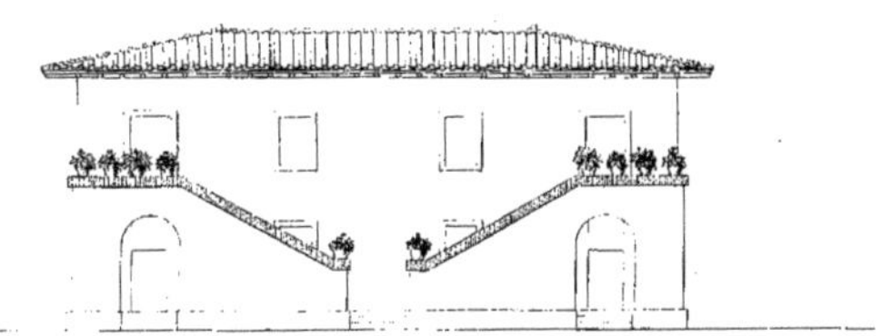

Élévation d'une maison près S.t Pierre aux Liens, à Rome.

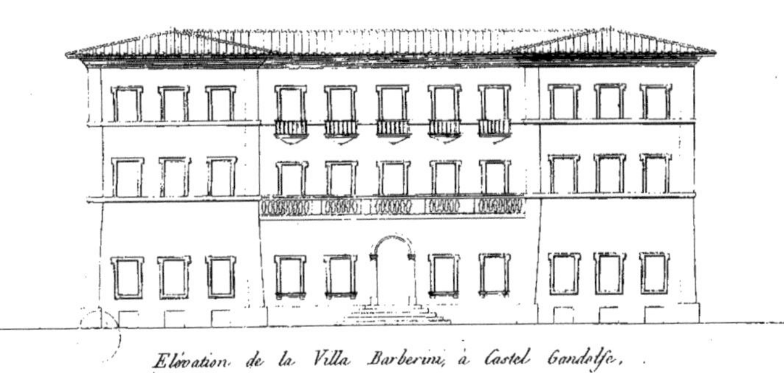

Élévation de la Villa Barberini, à Castel Gandolfo.

5 10 T.
10 20 M

Pl. 76.

Vue de la porte a Mare, à Pise.

Bence et P. V. Sc.

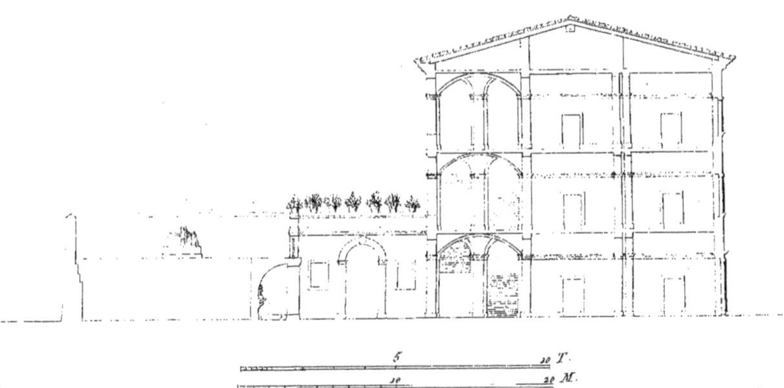

Plan et coupe d'une maison, al Monte Pincio, à Rome.

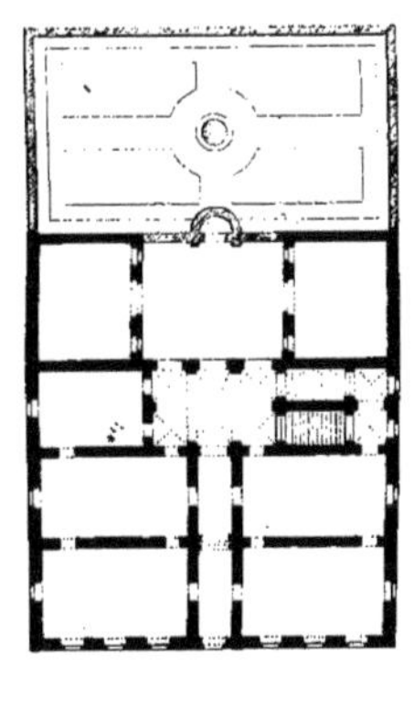

Vue de l'arc Felice, à Cumes.

Bence et P. C. Sc.

Élévation d'une maison via Cacherelline, à Pise.

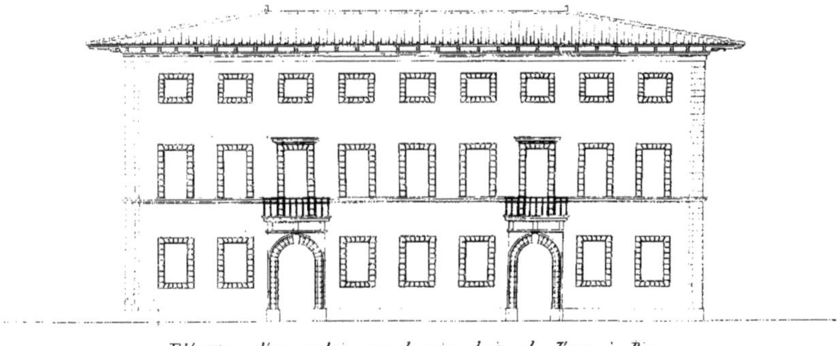

Élévation d'un palais sur la rive droite de l'Arno, à Pise.

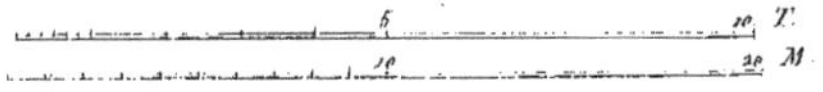

J. E. Thierry Sc.

Pl. 80.

Vue d'un Monument hors la grote de Pausilipe, à Naples.

Bence et P. C. Sc.

Vue de la Lanterne, à Gênes

P. C. et Bence S.

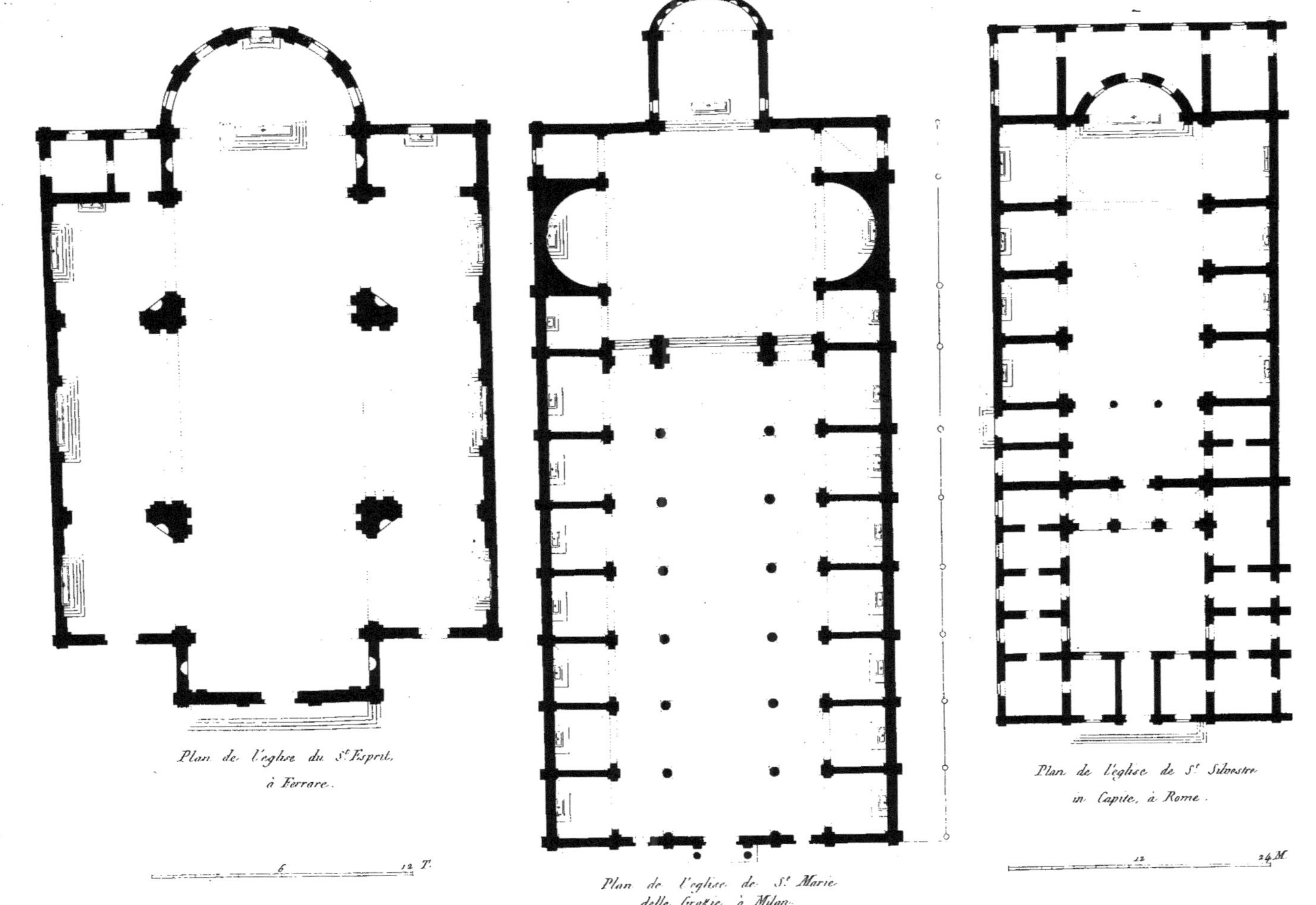

Plan de l'eglise du St Esprit, à Ferrare.

Plan de l'eglise de St Marie delle Grazie, à Milan.

Plan de l'eglise de St Silvestre in Capite, à Rome.

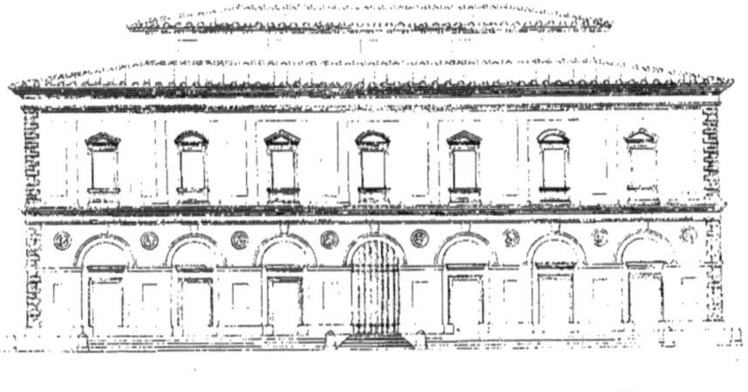

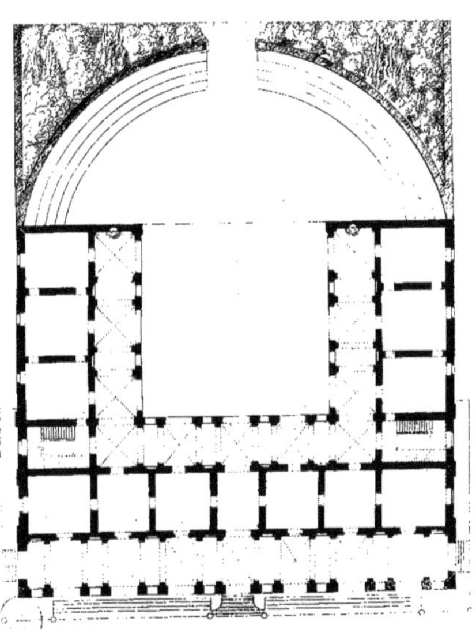

Plan et élévation de la Villa
du Grand-duc, à Florence.

8 16 T.
16 32 M.

Vue d'une descente de Cave sur les Thermes de Dioclétien, à Rome.

P.C. et Bence S.

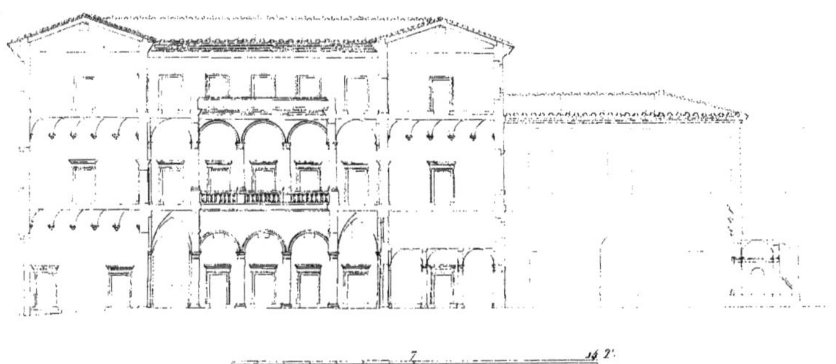

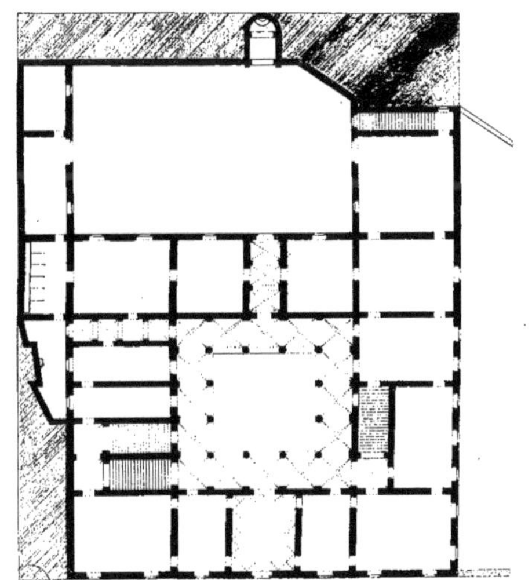

Plan et coupe du palais Spinola san pietro à Genes.

Vue du Casin Corsini à Rome.

Bence et P. C. Sc.

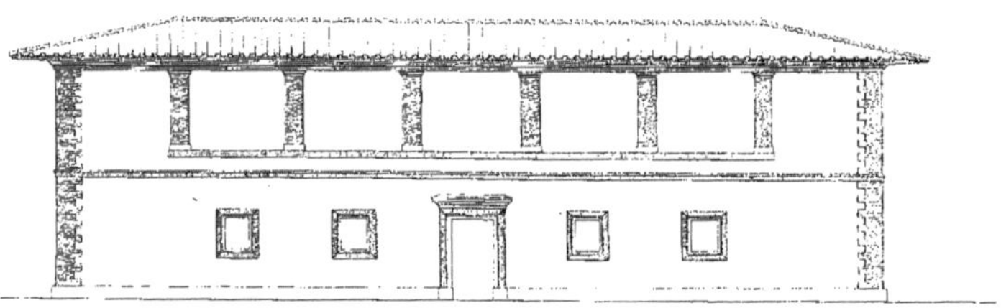

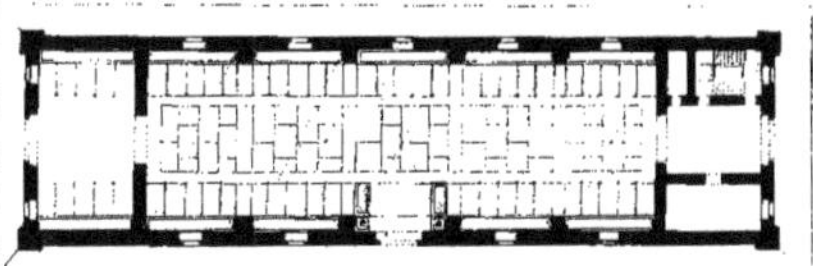

Plan et élévation des écuries de la Villa du Grand-duc, à Florence.

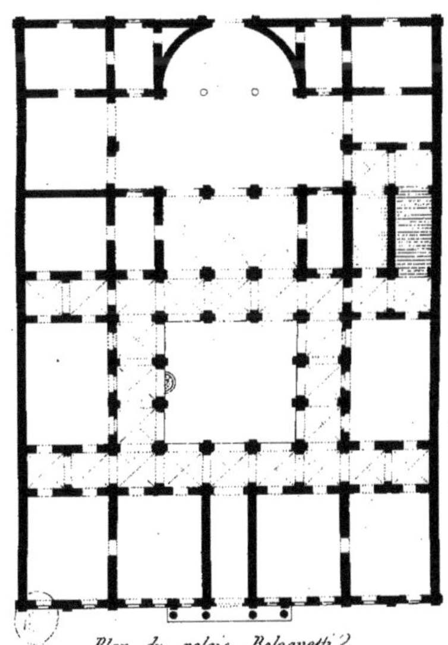

Plan du palais Bolognetti place de Venise, à Rome.

Vue du derrière du Temple de la Paix, à Rome.

P. C. et Bence S.

Vue du derriere du jardin Barberini, à Rome.

Bence et P. C. Sc.

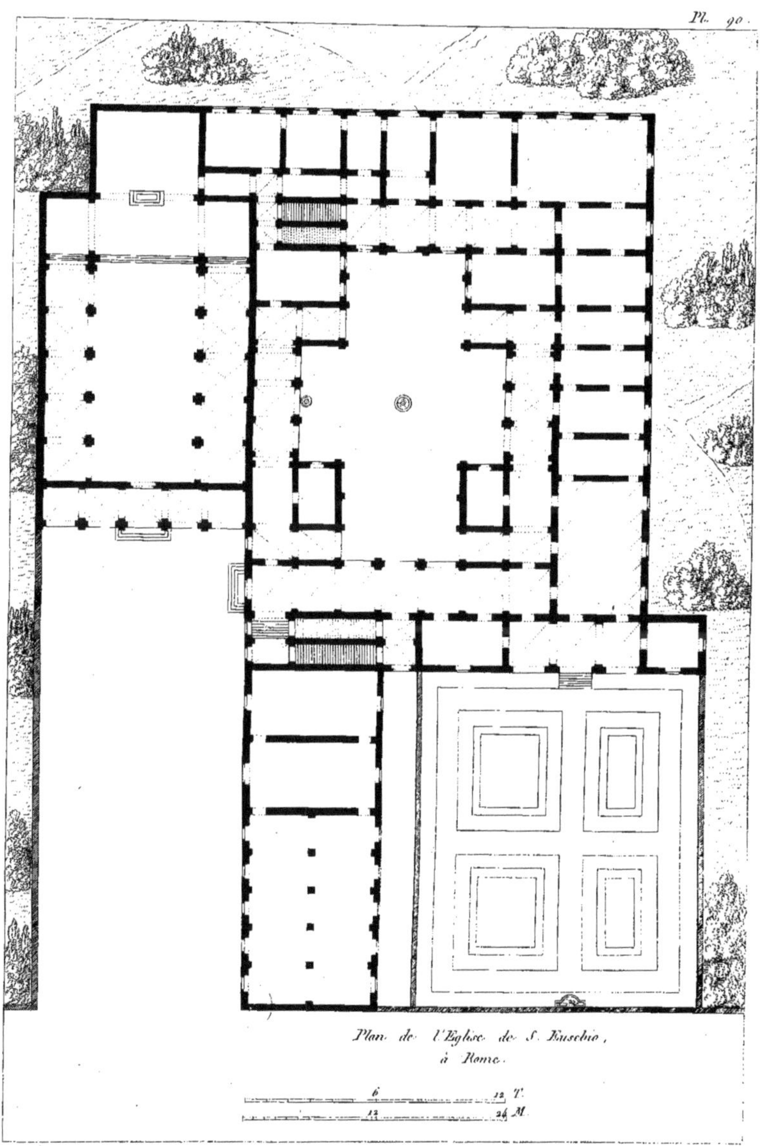

Plan de l'Église de S. Eusebio, à Rome.

6 12 T.
12 24 M.

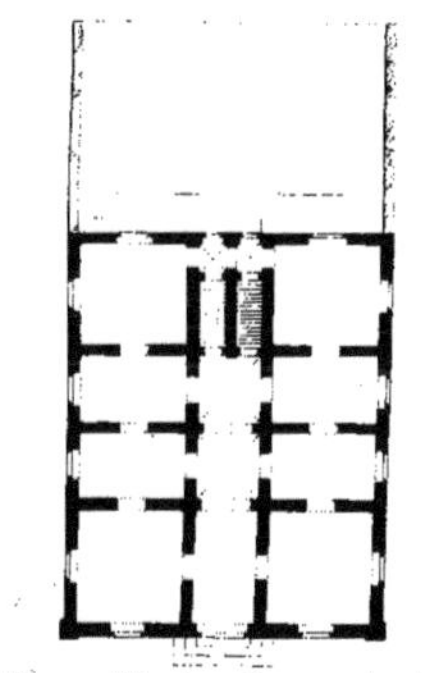

Plan, et Elévation d'une maison ?, à Tivoli.

Vue de la porte de Florence, à Sienne.

Bence et P. C. Sc.

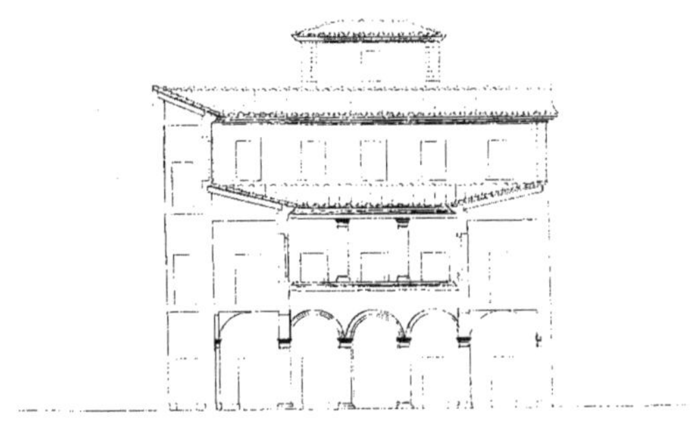

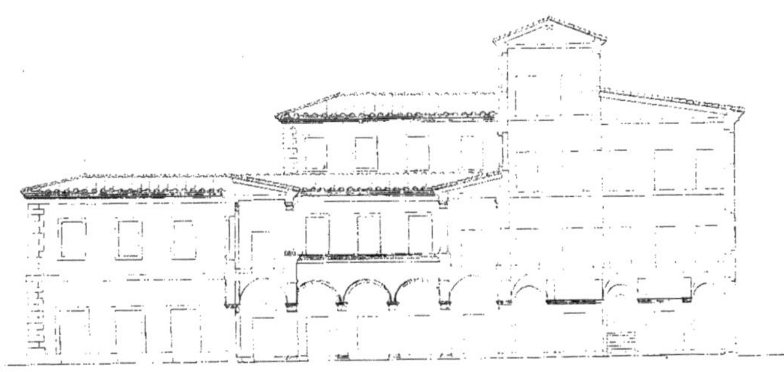

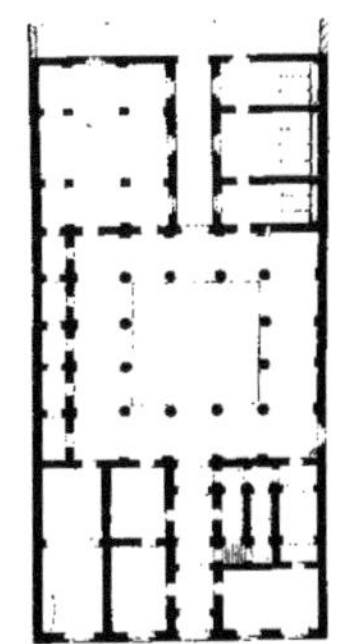

Plan et coupes d'une maison place D'espagne, à Rome.

Vue de la porte et de l'intérieur du palais Serristori, à Rome.

Élévation d'une maison, al prato della Valle, à Padoue.

Élévation du palais Rucellai via della Vigna, à Florence.

6 12 T.

12 24 M.

J. E. Thierry Sc.

Vue de la grande place, à Fiesolé ?.

Bence et P. C. S.

Porte d'une maison, à Florence.

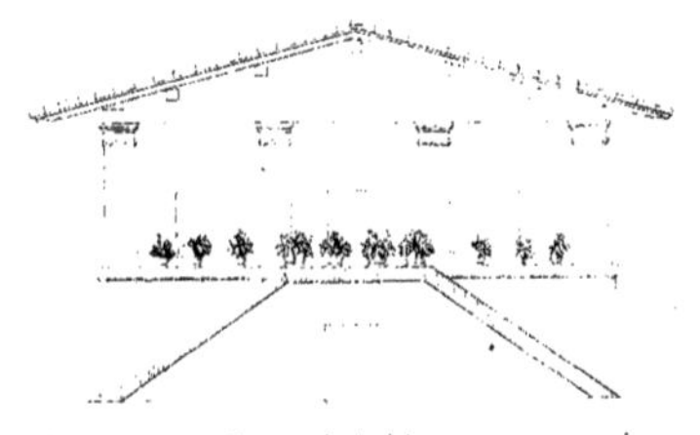

Élévation latérale d'une maison via Ponte-mole, à Rome.

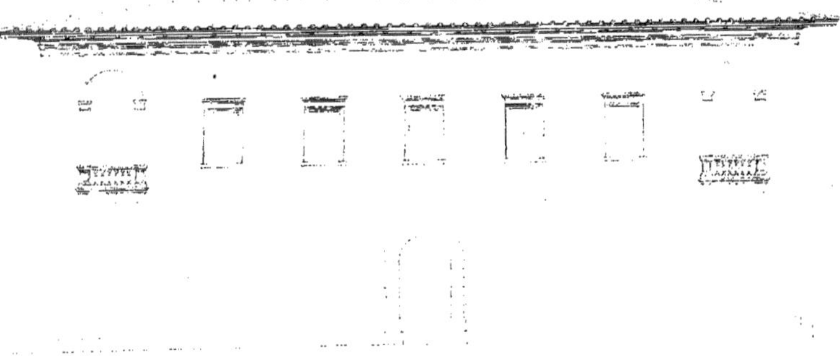

Élévation d'une maison via Ponte-mole, à Rome.

7 14 T.

14 28 M.

Vue d'une fabrique au pied du mont-Marius, à Rome.

P. C. et Bance Sc.

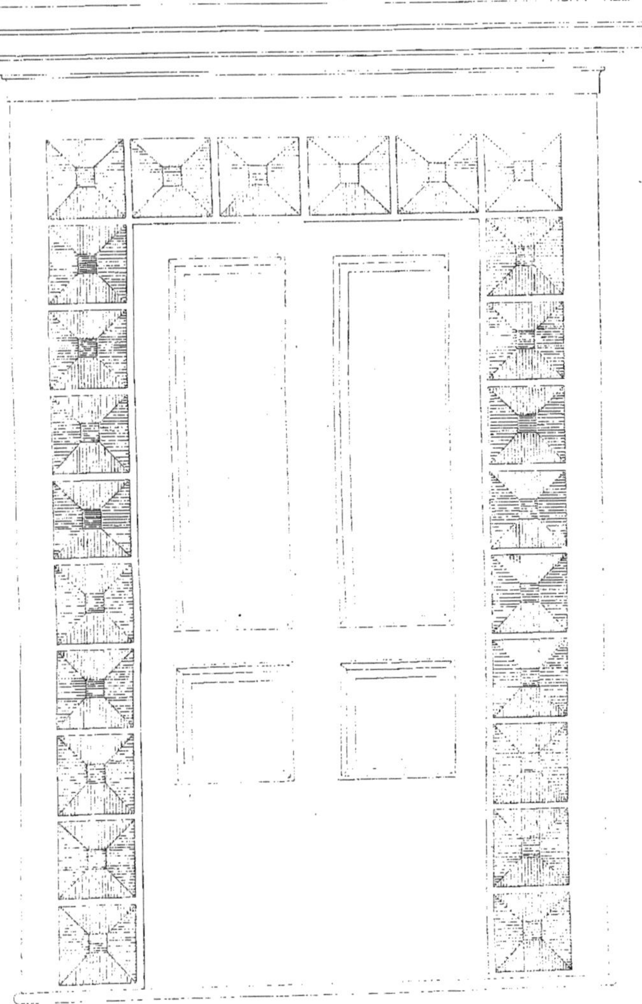

Elévation de la porte d'une maison, à Tivoli.

1 T.

2 M.

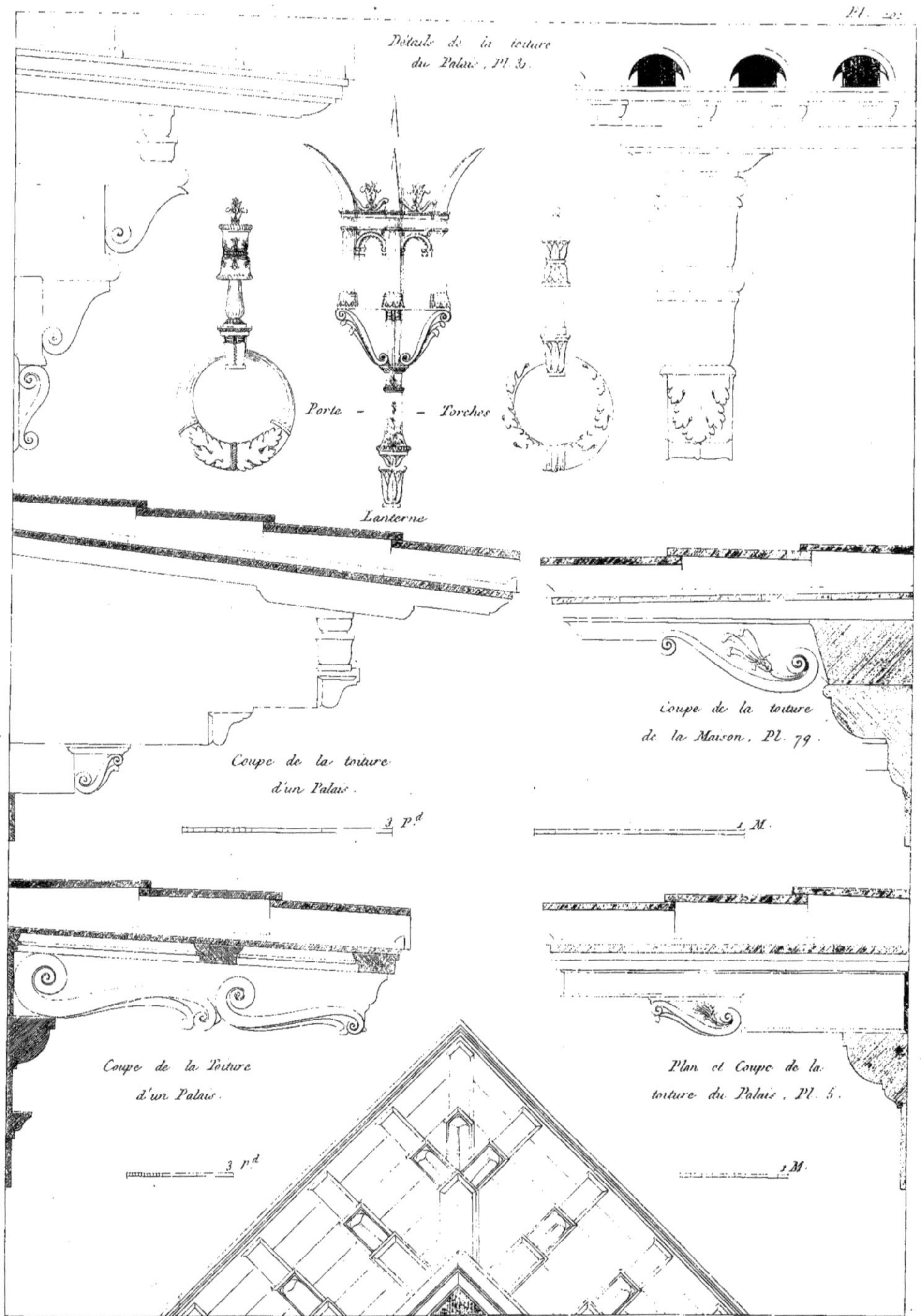

Détails de toitures, Lanterne, et porte-torches Florentines

Vue de l'Amphithéâtre de Gallien, à Bordeaux.

EXPLICATION

DES PLANCHES

COMPOSANT CET OUVRAGE.

VIGNETTE.

LA vignette qui orne le titre de l'Ouvrage est la vue générale de la façade du palais Pitti, à Florence, bâtie par *Luca Pitti,* gentilhomme florentin, vers l'an 1440, sur les dessins du célèbre *Filippo Brunellescho*, architecte et sculpteur florentin.

Sur le premier plan est une fontaine surmontée d'un grouppe représentant Hercule terrassant le centaure Nessus, par Jean de Bologne. Elle est au bas du pont *Rubaconte*, et peu éloignée de la place du palais Pitti.

PREMIER CAHIER.

PLANCHE 1re.

Vue de la rampe du Capitole, à Rome.

Cette vue est prise à travers la porte cochère du palais Cafarelli, sur le mont Capitolin.

La première colonne milliaire qui décoroit la Voie-Appienne, les statues colossales de Castor et Pollux à côté de leurs chevaux, et les trophées de Trajan, offrent une réunion intéressante de monumens de l'ancienne Rome.

L'Eglise de Ste. Marie d'*Araceli*, bâtie sur les ruines du Temple de Jupiter Capitolin, ajoute à l'ensemble de cette vue un effet piquant et pittoresque.

PLANCHE 2.

Plan de l'Eglise et du Couvent de St. Pierre-aux-Liens, sur le Mont Esquilin, à Rome.

Cette église a été réédifiée bien des fois. On prétend que l'Apôtre St. Pierre la fit construire, et la dédia au St. Sauveur, et qu'elle fut détruite par l'incendie de Néron.

L'impératrice Eudoxie la fit reconstruire sous le pontificat de S[t]. Léon, vers l'an 442.

Adrien Ier la réédifia, et Jules II la fit restaurer par *Baccio Pintelli*, architecte florentin, qui l'a rendue une des plus intéressantes de Rome. Sous le même pontife, *Giuliano da Sangallo*, architecte florentin, bâtit le couvent et le cloître.

PLANCHE 3.

Plan, coupe, et élévation d'une maison *strada Rosella*, à Rome.

Cette petite habitation, construite dans le 18e. siècle, réunit dans son plan une belle et agréable distribution, et dans son élévation beaucoup de simplicité et d'ensemble.

Plan d'une maison *strada Marforio*, à Rome.

Plan d'une maison, place *Madama*, à Rome.

La disposition simple et grandiose de ce plan indique qu'il a été tracé par un des habiles architectes du temps de la renaissance.

PLANCHE 4.

Vue de l'intérieur d'une cour *strada de' Pettinari*, près le pont Siste, à Rome.

PLANCHE 5.

Élévation du Palais Quaratesi, *via Tornabuoni*, à Florence.

Ce palais appartenoit autrefois à la famille *de' Pazzi*, qui a dû le faire construire vers l'an 1478.

Elévation du palais de la Grand'Garde, autrefois du Conseil, sur la place *de' Signori* à Padoue.

Ce palais, dont la façade est en marbre et la couverture en plomb, a été commencé en 1493, sur les dessins d'Annibal Bassano, architecte ferrarais, et a été terminé en 1545 par *Biagio Rossetti*.

PLANCHE 6.

Vue d'un pont sur l'Anieno, à Subiaco.

L'arc de ce pont est en marbre blanc, et paroît être antique; il est d'une grande solidité, d'une belle proportion, et tout ce qui l'entoure concourt à lui donner un aspect pittoresque. Ce pont établit la communication du village de Subiaco à la retraite agreste et tranquille de *S. Benedetto*.

PLANCHE 7.

Plan et élévation du *Casin* de Chasse du grand duc, à Florence.

Ce *Casin* a été construit au milieu du 18e. siècle, sur la rive droite de l'Arno, dans le parc des *Cascine*.

Elévation d'un *Casin*, *via Baluardo della Serpe*, à Florence.

Cette petite maison de campagne est située hors les murs de la ville, à la gauche de la porte *al Prato*.

PLANCHE 8.

Vue du petit cloître des Chartreux sur les Thermes de Dioclétien, à Rome.

Ce cloître, d'une architecture noble et simple, a l'avantage de se projeter sur les belles ruines des thermes, et d'être orné par un puits d'une élégante décoration.

DEUXIÈME CAHIER.

PLANCHE 9.

Vue de l'Arc de Trajan, à Ancone.

Cet arc est le mieux conservé de tous ceux que la munificence romaine ait fait élever: il a été construit vers l'an 115 par le sénat de Rome, sur les dessins de l'architecte Apollodore, en l'honneur et à la mémoire de Trajan, pour avoir établi le premier port sur la mer Adriatique.

Tout ce qui décoroit et embellissoit cet arc étoit en bronze: malheureusement ce métal tente la cupidité; il en est résulté pour nous la perte des statues de Trajan, de sa femme Plotine, de sa sœur *Marciana*, des guirlandes et des inscriptions.

La position de cet arc sur la digue qui forme le port, son élégante proportion, sa belle construction en blocs de marbre blanc, et son isolement des habitations lui donnent un caractère noble et très-pittoresque.

PLANCHE 10.

Plan de l'Eglise et Couvent de S^t^. André *delle fratte*, près la Propagande, à Rome.

Cette église a été réédifiée par Octave du Bufalo, sur les dessins de Jean Guera: le joli cloître qui fait partie de ce couvent a sans doute été construit par le même architecte.

PLANCHE 11.

Plan et élévation du palais *della Scala*, près *S. Paterniam*, à Venise.

Le plan de ce palais, sur un terrain irrégulier, offre une difficulté vaincue. Son élévation est d'une élégante et jolie architecture moresque.

Le nom de ce palais (*della Scala*) lui vient de son escalier.

PLANCHE 12.

Vue d'une fabrique sur les prairies Quinties, à Rome.

Cette maison de campagne est située derrière le fort S^t^. Ange, sur les prairies que le Sénat donna à Quintius Cincinnatus, après la victoire qu'il venoit de remporter sur les Samnites.

PLANCHE 13.

Coupe du palais *della Scala*, à Venise.

L'intérieur de ce palais n'est point du même ordre d'architecture, ni du même temps que la façade.

La cour se trouve sur un plan plus élevé; elle sert de citerne pour y réunir les eaux pluviales : un chapiteau d'un diamètre colossal décore le milieu de cette cour, et sert de puisard à la citerne.

Pour que cette planche offrît plus d'intérêt, j'y ai réuni trois plans, celui de la *villa di Londria*, place d'Espagne, d'une maison *strada Felice*, et d'une autre *strada S. Francesco*, à Rome, qui présentent des distributions intéressantes et variées.

PLANCHE 14.

Vue de la rive gauche de l'Arno, à Florence.

Cette vue est prise sur la rive droite du fleuve, à l'extrémité *della via degli Ufizzi.*

PLANCHE 15.

Elévation du palais Gianfigliazzi, *via Lungarno*, à Florence.

Cette façade, d'un caractère toscan, a dû être construite au commencement du 15e. siècle, ainsi que celle de la maison *via degli Arquebusieri.*

PLANCHE 16.

Vue d'une arcade du Colysée, et du temple du Soleil et de la Lune, à Rome.

Cette vue est prise d'une des arcades de la galerie du premier étage du Colysée: les ruines du temple du Soleil et de la Lune, et le Campanille de l'église de *Sta. Maria Romana*, construite sur l'emplacement qu'occupoit le vestibule du palais d'Or, forment le bel ensemble de cette vue.

TROISIÈME CAHIER.

PLANCHE 17.

Vue des trois colonnes du temple de Jupiter Stator, à Rome.

Il y a plusieurs versions sur ces restes de la bonne architecture romaine: la plus suivie, est que ces trois colonnes d'un ordre corinthien, remarquables par leurs petites volutes entrelacées, faisoient partie du portique du temple de Jupiter Stator.

Celui de Rémus et Romulus, de la Paix, l'église de *Sta. Maria Romana*, et celle de *Sta. Maria Liberatrice*, offrent une réunion piquante de monumens élevés par la piété des anciens et par celle des modernes.

PLANCHE 18.

Plan de l'église et couvent de Ste. Sabine, sur le mont Aventin, à Rome.

Sur ce mont et sur les ruines du temple de Diane, et celui de Junon, on érigea, en 425, l'église de Ste. Sabine, qui fut restaurée en 1587, et embellie de vingt-quatre colonnes antiques d'un bel ordre corinthien.

Il est à présumer que le cloître a été fait à la même époque.

PLANCHE 19.

Plan et élévation du palais Crespi, près le Jesu, à Ferrare.

Ce palais a été bâti vers le milieu du 16e. siècle, par J. M. Crespi : la pierre et la brique y sont employées avec tant d'art, qu'il paroît être nouvellement construit.

PLANCHE 20.

Vue de la *Villa Farnesiana*, sur le mont Palatin, à Rome.

Cette belle maison de campagne occupe la majeure partie du palais d'Or ou des Césars; Paul III la fit construire sur les dessins du célèbre architecte *Jacopo Barozzi, da Vignola.*

PLANCHE 21.

Coupe du palais Crespi, à Ferrare.

La façade de ce palais offre autant de simplicité que son intérieur présente de richesse.

Les plans des maisons *strada Felice, strada del' Orso*, et celle *strada delle Muratte*, à Rome, réunis sur une même échelle, pourront donner une idée de l'art et de la variété que les architectes italiens mettoient dans leurs distributions.

PLANCHE 22.

Vue de la pâpeterie, à Subiaco.

Cet établissement, situé sur la rive droite de l'Aniene, est entouré de belles et hautes montagnes qui lui procurent avec abondance l'eau nécessaire à son usage; il a été bâti par Pie VI, sur les dessins de Jules Camporesi, architecte romain.

PLANCHE 23.

Elévation d'une maison près *S. Benedetto*, à Venise.

Cette façade est sur la voie de terre; elle est d'une belle architecture moresque et enrichie par quantité d'ornemens d'un bon choix et d'une jolie exécution.

L'élévation de la bourse des marchands est d'une architecture gothique, à-la-fois élégante et riche.

Cette façade décore l'extrémité d'un massif de maisons de forme angulaire.

PLANCHE 24.

Vue de l'église de Saint-André, hors la porte du Peuple, à Rome.

Jules III fit ériger cette jolie église d'après les dessins de *Jacopo Barozzi, da Vignola;* cet habile architecte, par la masse et la forme qu'il a donnée à ce petit temple, a su tellement l'unir au beau site qui l'entoure, que, vu du jardin qui est en face, il produit l'effet le plus agréable et le plus pittoresque.

QUATRIEME CAHIER.

PLANCHE 25.

Vue de l'arc d'Auguste, à Rimini.

Cet arc, construit en blocs de marbre blanc, est d'une proportion plus colossale que tous ceux bâtis par les Romains.

Sa situation sur la voie publique, à l'extrémité de la ville, a dû nécessairement contribuer à sa dégradation ainsi qu'à ce surhaussement bizarre et incohérent.

PLANCHE 26.

Plan et élévation du couvent de *S. Alessio*, sur le mont Aventin, à Rome.

Ce fut, dit-on, sur les ruines du temple d'Hercule, qu'Euphémien, sénateur romain et père de S[t]. Alexis, bâtit son palais, qui fut ensuite transformé en une église, et dédiée à ce saint.

Elle a été de nouveau construite sur les dessins de l'architecte Thomas de Marchis.

PLANCHE 27.

Plan et élévation du palais du commandeur du Saint-Esprit, *in Sassia*, à Rome.

Grégoire XIII fit bâtir ce beau palais sur les dessins d'*Ottaviano Mascherino*, architecte et peintre bolognais.

PLANCHE 28.

Vue de la roche Tarpéienne, à Rome.

Cette vue est prise de la descente du sentier qui conduit du palais Caffarelli à la rue *della Torre degli Spechi*.

Cette roche, jadis si redoutée, ne présente plus, de nos jours, qu'un fragment de rocher sur lequel sont établies quelques vieilles masures.

PLANCHE 29.

Coupe du palais du commandeur du Saint-Esprit.

L'intérieur de ce palais est d'une architecture beaucoup plus pure que celle de la façade. Tout concourt dans l'une à sa beauté, tandis que dans l'autre les petites croisées en détruisent l'harmonie.

Les plans d'une maison place Borghèse, d'une autre près la place Alberoni, et d'une maison près le palais Altempo, à Rome, offrent des distributions aussi intéressantes que variées.

PLANCHE 30.

Vue d'une fabrique en face de S[te]. Marie *della Scala*, à Rome.

La vétusté et la diversité des ajustemens de cette maison contribuent beaucoup à lui donner ce caractère pittoresque.

PLANCHE 31.

Elévation d'un palais en face celui Pitti, à Florence.

Cette élévation, d'architecture toscane, a quelque chose de moins massif et de moins sévère que le caractère ordinaire qui semble appartenir à cet ordre.

De belles consoles en bois supportent la charpente de la toiture, qui est une des plus saillantes des maisons de Florence.

Elévation d'une Maison de campagne, dans la plaine, à Chambéri.

Cette charmante habitation est située sur la droite en allant aux Echelles. Les données du climat ont exigé une toiture très-élevée et en ardoise; malgré cela elle est toujours digne d'être comparée à celles qui embellissent l'intérieur de l'Italie.

PLANCHE 32.

Vue du grand cloître des Chartreux, sur les thermes de Dioclétien, à Rome.

Ce cloître, d'une très-grande dimension, malgré la bizarrerie de l'étage qui le surmonte, produit un bel effet dans son ensemble, par la simplicité et l'ajustement de son portique.

Les quatre beaux cyprès qui en ornent le milieu ont été plantés sous Pie IV par les bons et respectables Pères Chartreux.

CINQUIÈME CAHIER.

PLANCHE 33.

Vue de la colonne Isolée, derrière le Capitole, à Rome.

Cette colonne, en marbre blanc, d'une belle proportion, se trouve au moins quatre mètres plus élevée que la Voie Sacrée qui passoit à côté, et par conséquent que le sol du *Forum* sur lequel elle se trouve établie.

Les trois colonnes, et la partie de l'entablement qui les surmonte, appartenoient au temple de Jupiter Tonnant; Auguste le fit bâtir en actions de grâces pour avoir été préservé de la foudre qui avoit tué, en Espagne, un esclave à ses côtés.

Ces restes précieux de la belle architecture antique sont en partie enfouis, et ont beaucoup souffert du ravage du temps et des hommes.

Une partie de l'arc de Septime Sévère, l'escalier sacré, une portion du couvent de Ste. Marie d'Araceli, le derrière du palais du Sénateur, bâti sur les ruines du *Tabularium*, forment l'ensemble de cette vue.

PLANCHE 34.

Plan de l'église et couvent de *S. Salvator in Lauro*, près le palais Lancelloti, à Rome.

En 1450, le cardinal Orsini fit bâtir cette église et le cloître; elle fut restaurée ensuite par l'architecte *Ottaviano Mascherino*.

PLANCHE 35.

Plan et élévation du palais Bufalo, *strada della Chiavica del Bufalo*, à Rome.

A l'extrémité du jardin de ce palais est un casin dont la façade est enrichie par de belles peintures de Polidore de Caravage.

PLANCHE 36.

Vue d'une fabrique, près S^t. Sébastien, hors les murs, à Rome.

Cette petite maison de campagne, d'un caractère assez original, est située sur la gauche de la voie Appienne.

PLANCHE 37.

Coupe du palais Bufalo.

Un joli petit jardin rend l'intérieur de ce palais assez agréable : des chapiteaux ioniques antiques supportent et servent de bases à des orangers.

Le plan d'une petite maison à Tivoli, d'une autre *strada Fiammetta*, à Rome, et celui d'une maison, à Subiaco, réunis sur la même échelle, pourront offrir quelqu'intérêt par leur ajustement et leur disposition.

PLANCHE 38.

Vue de la porte de Rome, à Tivoli.

A l'aspect de cette jolie porte, le voyageur se sent pour ainsi dire renaître de l'ennui qu'il a éprouvé pendant cinq mortelles heures à traverser l'aride et malheureuse campagne de Rome.

PLANCHE 39.

Plan, coupe et élévation du *casin* Boccapaduli, à Rome.

Le rez-de-chaussée de cette petite maison de campagne, située à côté des thermes de Caracalla, est d'ordre dorique, d'une proportion élégante et d'une belle exécution.

Il est à regretter que cette maison n'ait pas été terminée selon l'intention de l'architecte qui l'avoit si bien commencée.

PLANCHE 40.

Vue de la galerie du premier étage du Colysée et du couvent de S^t. Bonaventure, à Rome.

Vers l'an 72, l'empereur Flave Vespasien, après son retour de la guerre qu'il venoit de terminer en Judée, fit construire, sur les jardins de Néron, ce somptueux amphithéâtre; douze mille Juifs, qu'il avoit faits prisonniers à Jérusalem, y furent employés; on y dépensa dix millions d'écus romains.

Tite acheva ce monument et le dédia à l'empereur son père.

Le surnom de Colysée lui provient de la statue colossale que Néron s'étoit fait élever dans son palais, et que l'empereur Vespasien fit transporter ensuite devant cet amphithéâtre.

SIXIÈME CAHIER.

PLANCHE 41.

Vue de l'arc de Septime Sévère, au moment des fouilles, à Rome.

Cette vue est prise de la *via Bonella,* au moment où Pie VII faisoit faire les fouilles nécessaires pour déterrer cet arc, et retrouver, par ce moyen, la voie Sacrée sur laquelle il est établi.

Il fut élevé vers l'an 205, à Septime Sévère, par le sénat et le peuple romain, en mémoire de la victoire qu'il avoit remportée sur les Parthes.

Les deux colonnes qui sont après l'arc font partie des huit qui restent du temple de la Concorde, bâti par le dictateur *Furius Camille.*

PLANCHE 42.

Plan de l'église et couvent de la Trinité-des-Monts, à Rome.

En 1494, Charles VIII, roi de France, fit bâtir cette église et le couvent pour les Minimes français: le cardinal de Lorraine y fit faire des réparations; il l'orna de belles peintures qui sont aujourd'hui dégradées ou détruites.

PLANCHE 43.

Plan, élévation et coupe du petit palais Borghèse, place *Rondinina,* à Rome.

Cette jolie petite habitation a été bâtie sur les dessins d'*Antonio da Sangallo,* architecte florentin.

PLANCHE 44.

Vue d'une Fabrique près *S. Vital,* à Rome.

Cette petite maison de campagne, d'un caractère original par sa composition et sa double toiture, est située sur la droite et à côté de l'église de *S. Vital.*

PLANCHE 45.

Plan et coupe du palais du St. Office, à Rome.

Paul III institua le tribunal Suprême de l'Inquisition, Pie V l'établit dans ce palais: si sa façade annonce sa destination, il n'en est pas de même de l'intérieur; car une fois qu'on a passé la herse qui divise l'entrée en deux vestibules, on se trouve dans une cour ornée de deux étages de portiques d'une jolie et belle architecture, bâtie sur les dessins de D. Fontana.

PLANCHE 46.

Vue du tombeau de Pompée-le-Grand, sur la route d'*Albano,* à la *Riccia.*

Ce tombeau est vulgairement nommé des Horaces et des Curiaces; il ne reste plus, des cinq pyramides qui le surmontoient, que celle du milieu, et les deux opposées à la voie Appienne.

Une petite église, dont la façade est moderne, contribue à l'aspect pittoresque que présente cette vue.

PLANCHE 47.

Elévation latérale de la *villa Chigi*, à la *Riccia.*

Elévation d'une maison sur la droite, en entrant à *Marino.*

PLANCHE 48.

Vue du puits, du cloître et du couvent de la Ste. Annonciade, près la porte *S. Mamolo*, à Bologne.

Ce puits, et le cloître au milieu duquel il se trouve établi, furent construits au 15e. siècle.

SEPTIÈME CAHIER.

PLANCHE 49.

Vue d'une chapelle sur la route de Fiésolé, à Florence.

Ce petit monument, d'un ordre semi-toscan et gothique, est situé à moitié chemin de la montée de Florence à Fiésolé; une belle tête de lion, et une vasque provenant de la ville de *Fesulæ*, ancienne capitale de l'Etrurie, forment une jolie fontaine dont le trop plein va se deverser dans deux bassins ou abreuvoirs, qui procurent aux *contadins* une station agréable pour faire rafraîchir leurs mulets, et pendant ce temps adresser leurs vœux et leurs prières à la *buona Madonna.*

PLANCHE 50.

Plan de l'église de *S. Giriaco* ou *Ciriaco*, à Ancone.

Cette belle cathédrale, d'architecture lombarde, a été construite sur les dessins de Margaritone d'Arezzo, architecte, sculpteur et peintre du 13e. siècle.

Sur la gauche de l'arc de Trajan, à la planche 9, est l'élévation de cette église.

Plan de l'église de Ste. Bibiane, à Rome.

Vers l'an 363, Olympine, dame romaine, fit bâtir cette église : le pape Simplicius la consacra à Ste. Bibiane; Honorius III la fit restaurer, et Urbain VIII y fit reconstruire une façade qui est diamétralement opposée avec la belle ordonnance et la simplicité de l'intérieur de cette jolie petite église.

Plan de l'église de St. Yve-des-Bretons, à Rome.

Calixte III, en 1456, donna cette ancienne église paroissiale à la province de Bretagne.

PLANCHE 51.

Plan et élévation de l'auberge de la Poste, à Radicofani.

A moitié chemin de Sienne, à *S. Lorenzo alle Grotte*, sur la droite d'une route dont les alentours sont secs et arides, se trouve cette belle auberge; en face est une jolie fontaine.

PLANCHE 52.

Vue d'une fabrique sur le tombeau des Scipion, à Rome.

Cette maison de campagne située sur la gauche de *la via* qui conduit à S^t^. Sébastien, hors les murs, est bâtie au-dessus du souterrain qui contenoit les tombeaux de la famille de Cornelii Scipion.

Ce souterrain fut découvert accidentellement en 1780.

PLANCHE 53.

Plan et élévation d'une maison *strada del Corso*, à Rome.

Entre le palais Ottoboni et le palais Ghigi, sur la droite de la rue du Cours, est située cette maison, dont le plan est d'une bonne distribution.

Plan du palais Serristori, *al Borgo Novo*, à Rome.

Plan du palais Tomati *strada Gregoriana*, à Rome.

PLANCHE 54.

Vue de la descente des Ecuries de Mécène, et de la *villa* d'Est, à Tivoli.

Sous Jules III, Hippolyte d'Est, gouverneur de Tivoli et cardinal de Ferrare, fit construire cette somptueuse maison de campagne, qui devoit être alors une des plus belles et des plus agréables *villa* des alentours de Rome, tant par sa belle position à côté de l'église de S^te^. Marie Majeure, que par la grande quantité d'eau et les beaux arbres qui embellissoient ses jardins.

PLANCHE 55.

Elévation d'une maison, à Tivoli.

La simplicité et la belle ordonnance de cette façade doit porter à croire qu'elle a été bâtie par le célèbre Bramente d'*Urbino*, l'un des pères de la renaissance de l'architecture.

Elévation d'une maison à Castel Gandolfe.

PLANCHE 56.

Vue d'une fabrique en face du fort S^t^. Ange, à Rome.

La variété dans les ajustemens des maisons qui bordent la rive gauche du Tibre, une loge ornée d'une fontaine et surmontée d'une terrasse, contribuent beaucoup à l'ensemble pittoresque de cette vue. Cet endroit est le plus avantageux et le plus commode pour y voir, dans tout son ensemble, le bel effet que produit la girande, ou les feux d'artifice qui se tirent tous les ans au fort S^t^. Ange la veille et le jour de S^t^. Pierre.

HUITIÈME CAHIER.

PLANCHE 57.

Vue de l'escalier du Capitole, à Rome.

De grandes masses de bâtimens : le musée Capitolin, le palais des Conservateurs et la façade du palais du Sénateur, d'une architecture bizarre et contournée, remplacent les beaux monumens qui ornoient l'ancien Capitole.

Le portique qui est dans le fond, d'une architecture simple et noble, embellit l'entrée du couvent de Ste. Marie d'Araceli; en face il y en a un autre semblable qui décore l'entrée de l'académie de St. Luc.

Ces jolis portiques sont bâtis sur les dessins du célèbre architecte Barozzi de Vignole.

PLANCHE 58.

Plan du palais Salviati, *strada della Lungara*, à Rome.

Ce palais a été construit sur les dessins de l'architecte Nanni Bigio.

PLANCHE 59.

Elévation du palais Salviati, à Rome.

PLANCHE 60.

Vue de la cour d'un palais sur la place de Venise, à Rome.

PLANCHE 61.

Plan et coupe du palais des Romanis, *strada del' Orso*, à Rome.

Ce petit palais, dont le plan est d'une jolie distribution, est situé sur le bord du Tibre.

Plan d'une maison, à Tivoli.

PLANCHE 62.

Vue d'une église, près la porte de Florence, à Empoli.

Cette charmante petite fabrique est sur la gauche de la route, et pour ainsi dire sur les glacis du fossé de la ville d'Empoli.

PLANCHE 63.

Elévation du couvent du Crucifix, à Marino.

Cette petite retraite est située sur le point le plus élevé du village de Marino.

Elévation d'une ferme vis-à-vis *Castel Madama*, près Rome.

PLANCHE 64.

Vue d'un monument sépulcral sur la route de Caserte à Capoue.

De tous les monumens qui embellissoient l'antique Capoue, c'est le seul qui soit parfaitement conservé. Ce mausolée, d'une forme élégante et originale, est situé sur la gauche de la route de Caserte à Capoue-la-Neuve, dans la plaine féconde et riante de Capoue l'Ancienne.

Les montagnes qui s'aperçoivent à la droite, sont celles où Annibal fit camper son armée.

Sur une table de marbre blanc, qui a été incrustée après coup, et placée au-dessus de la porte d'entrée de ce monument, est l'inscription suivante :

ME, SUPERSTITEM, ANTIQUITATIS MOLEM
SENIO CONFECTAM ET JAM, JAM RUITURAM,
REX FERDINANDUS IV, PATER PATRIÆ,
AB IMO SUFFULTAM, REPARAVIT.

NEUVIÈME CAHIER.

PLANCHE 65.

Vue du tombeau de la mère de Théodoric, à Ravenne.

Sur la droite, en sortant de Ravenne par la *Porta Serrata*, à l'extrémité d'une superbe allée de peupliers, on trouve *Sta. Maria Rotonda*, ou le tombeau de la mère de Théodoric, élevé par sa fille Amalasonte.

Ce mausolée, d'une forme originale, est d'un mélange d'architecture gothique et orientale; il est construit en marbre blanc: sa coupole est d'un seul bloc; elle a 28 pieds 8 pouces de diamètre à l'intérieur; les oreillons qui sont à l'extérieur en font partie, ce qui doit faire présumer que ce n'est qu'après beaucoup de recherches qu'on est parvenu à trouver un morceau de marbre d'une si forte dimension, et qu'il a fallu beaucoup de peines et de soins pour l'extraire de la carrière et le transporter sans doute de fort loin.

La fente qui s'aperçoit sur la droite de cette coupole, et qui part du socle servant de base à la croix, a sans doute été faite au moment où cette addition s'est effectuée pour changer la destination de ce monument.

PLANCHE 66.

Plan de l'église de *S. Zacaria*, à Venise.

Cette belle église et le monastère des Dames Nobles Vénitiennes de l'ordre de St. Benoit, ont été construits vers l'an 817, aux frais de *Giustiniano Participazio*, duc de Venise, et de l'empereur *Leone Armeno;* elle fut reconstruite vers l'an 1457, par le Doge Foscari.

On attribue la façade de cette église à *Martino Lombardo*, architecte vénitien.

Plans et coupe du tombeau de la mère de Théodoric, à Ravenne.

Le rez-de-chaussée est divisé en quatre parties rentrantes, formant la croix grecque: trois de ces renfoncemens devoient contenir chacun un tombeau d'une proportion aussi forte que ceux qui sont dans l'intérieur du mausolée de Galle Placide Auguste, à Ravenne.

PLANCHE 67.

Plan et élévation d'une maison, à Tivoli.

PLANCHE 68.

Vue d'une fabrique dans la *villa* Borghèse, à Rome.

Cette petite maison, habitée par le jardinier, est située sur la gauche, et à l'extrémité du parc de la *villa*, ou maison de campagne du prince Borghèse.

PLANCHE 69.

Plan et coupe d'une maison *al Borgo de' Lanari*, à Gênes.

La distribution de cette maison est simple et parfaitement bien conçue, l'escalier en est remarquable par sa disposition facile et agréable; les détails intérieurs sont d'un bon choix et diffèrent beaucoup de ceux de la façade, qui sont lourds et bizarres.

PLANCHE 70.

Vue d'une fabrique sur la rive droite du Tibre, à Rome.

Cette petite habitation, d'une forme très-pittoresque, est élevée sur les ruines d'un ancien monument qui étoit près le port des Romains et peu éloigné de la voie *Portuensis*.

PLANCHE 71.

Elévation d'une maison près la *Madonna di S. Luca*, à Bologne.

Elévation d'une maison, à Tivoli.

PLANCHE 72.

Vue intérieure des Thermes de Dioclétien, à Rome.

Malgré les ravages du temps et des hommes, ce qui reste des Thermes, ou des bains publics que les empereurs Dioclétien et Maximien avoient fait construire, atteste que ce monument, par son étendue, sa richesse et sa proportion colossale, devoit être le plus somptueux et le plus beau de l'ancienne Rome.

DIXIÈME CAHIER.

PLANCHE 73.

Vue de l'arc de C. Auguste, à Suse.

Les habitans des Alpes, et leur roi *Marcus Julius Cossius*, firent élever cet arc à l'honneur de César Auguste, lorsque cet empereur traversa le mont Genevre pour aller porter la guerre en Dauphiné.

Cet arc est situé sur l'ancienne voie qui communiquoit avec les Gaules *ultra montines;* il est construit en belle pierre blanche.

Pour la conservation de cet arc, les habitans ont surmonté l'attique où étoient les inscriptions, d'une toiture assez saillante pour le préserver des injures du temps.

PLANCHE 74.

Plan de l'église et couvent des Chartreux, à Ferrare.

Cette église, dédiée à *S. Cristoforo*, est très-intéressante par sa belle disposition, son architecture, et l'ajustement d'une galerie supérieure dans les parties basses et internes de l'église.

Le couvent est un des plus vastes et des plus beaux de l'Italie; les petits corps-de-bâtiment qui s'élèvent au-dessus de chaque cellule contribuent au bel effet que produit le cloître de cette Chartreuse.

PLANCHE 75.

Elévation de la *villa* Barberini, à Castel Gandolfe.

Elévation d'une maison près S[t]. Pierre-aux-Liens, à Rome.

PLANCHE 76.

Vue de la porte *a Mare*, à Pise.

Le port des anciens Pisans étoit près de la porte de la mer; on prétend que c'est par cette porte que sortit cet essaim de guerriers qui, animés d'une sainte ardeur, volèrent à la conquête de Jérusalem, et ramenèrent en signe de trophée leurs galères chargées de terre du saint lieu, la déposèrent avec grand soin dans le *campo Santo*, afin d'y ensevelir un jour le petit nombre de preux chevaliers revenus de cette glorieuse expédition.

PLANCHE 77.

Plan et coupe d'une maison *strada Felice al monte Pincio*, à Rome.

PLANCHE 78.

Vue de l'arc Felice, à Cumes.

Cet arc, ou porte de ville de l'ancienne *Cumæ*, réunit les monts Euboïques, qui semblent avoir été divisés pour donner passage à un des embranchemens de la voie Appienne, nommé voie *Campanienne*.

De toutes les antiquités de la ville, qui, par sa belle position et le courage de ses habitans, sut résister à Amilcar et à Annibal, on ne trouve plus que cette porte, tout le reste n'est que décombres.

PLANCHE 79.

Elévation d'une maison *via Cacherelline*, à Pise.

Les deux croisées avec fronton ont été substituées après coup, et ont remplacé les petites croisées qui formoient l'unité et le caractère de la décoration du rez-de-chaussée de cette maison.

Elévation d'un palais sur la rive droite de l'Arno, à Pise.

PLANCHE 80.

Vue d'un monument hors la grotte de Pausilipe, à Naples.

Après être sorti de la grotte de Pausilipe, au sommet de l'enfourchement de la route *del Lago d'Agnano*, et de celle qui conduit à *Pozzoli*, est ce joli petit monument antique, d'un ordre ionique et construit en blocs de marbre blanc.

ONZIÈME CAHIER.

PLANCHE 81.

Vue de la Lanterne, à Gênes.

En arrivant à Gênes par *Campo Marrone*, on voit, sur un rocher escarpé et sur le bord de la mer, ce beau phare, nommé la *Lanterna*.

Il a été construit vers l'an 1543.

PLANCHE 82.

Plan de l'église de S[te]. Marie *delle Grazie*, à Milan.

Le comte *Gaspero*, en 1464, fit poser la première pierre de cette belle église; le prince *Lodovico Maria Sforza* la fit continuer, et sous le duc *Giovan Galeozzo Maria* le célèbre architecte Bramente la termina et la surmonta d'une superbe coupole.

Plan de l'église de S[t]. Silvestre *in Capite*, à Rome.

Cette ancienne église fut bâtie en 261 par le pape S[t]. Denis; S[t]. Symmaque, en 500, la fit reconstruire, et le pontife S[t]. Paul Ier. la réédifia en 757.

Plan de l'église du S[t]. Esprit, à Ferrare.

PLANCHE 83.

Plan et élévation de la *villa* du grand duc, à Florence.

Cette belle maison de plaisance, construite au 18e. siècle, est située au centre du beau parc des *Cascine*. Deux petits corps-de-bâtiment, l'un à droite, destiné aux étables, l'autre à gauche, destiné aux écuries, ajoutent, par leur simplicité et leur construction en pierre et briques, au bel effet que produit cette maison de campagne.

PLANCHE 84.

Vue d'une descente de cave sur les Thermes de Dioclétien, à Rome.

Cette jolie construction en briques fait partie du Portique de l'entrepôt des huiles, que fit bâtir Clément XIII sur les Thermes de Dioclétien.

PLANCHE 85.

Plan et coupe du palais *Spinola S. Pietro*, à Gênes.

La distribution de ce palais et l'architecture qui décore son intérieur ont beaucoup d'analogie avec les palais de Rome, et diffèrent du caractère des palais de Gênes, dont les cours se trouvent généralement sur un plan plus élevé que le sol de l'entrée principale.

PLANCHE 86.

Vue du casin Corsini, *strada della Lungara*, à Rome.

A l'extrémité du jardin du palais Corsini, et sur le mont Janicule, est située cette charmante maison de campagne, qui a l'avantage de dominer sur la ville et les alentours de Rome.

De ce point favorable Vasi a dessiné sa belle vue de la ville de Rome.

PLANCHE 87.

Plan du palais Bolognetti, place de Venise, à Rome.

Ce beau palais appartenoit autrefois à la famille Bigazzini, qui le fit construire sur les dessins du chevalier Fontana.

PLANCHE 88.

Vue du derrière du temple de la Paix, à Rome.

L'empereur Flave-Vespasien, après avoir terminé la guerre en Judée, vers l'an 75, fit bâtir sur les ruines du portique du palais d'Or de Néron, ce temple somptueux; cet empereur le dédia à la Déesse Conservatrice des hommes, du bonheur et de la prospérité des nations.

DOUZIÈME CAHIER.

PLANCHE 89.

Vue du derrière du jardin Barberini, à Rome.

En entrant dans la rue qui est en face de la place de *S. Nicola di Tolentino*, on aperçoit sur la droite, et sur un rocher, au centre d'un petit bois de lauriers, la statue colossale d'Apollon.

Elle fait point de vue au bel escalier qui conduit du palais au jardin.

La petite église qu'on voit dans le fond est sur la droite de la rue Pie; elle est dédiée à *S. Cajo*.

PLANCHE 90.

Plan de l'église et du couvent de *S. Eusebio*, à Rome.

Cette ancienne église a été souvent restaurée: le couvent a été bâti sur les dessins du chevalier Fontana.

5

PLANCHE 91.

Plan et élévation d'une maison, à Tivoli.

La décoration de cette maison, ayant beaucoup d'analogie avec la façade du petit palais Borghèse, planche 43, doit porter à croire qu'elle a été bâtie sur les dessins d'*Antonio da Sangallo*, architecte florentin.

PLANCHE 92.

Vue de la porte de Florence, à Sienne.

PLANCHE 93.

Plan et coupes d'une maison, place d'Espagne, à Rome.

Cette maison est située sur la gauche, en montant à la *villa Medicis*.

PLANCHE 94.

Vue de la porte et de l'intérieur du palais Serristori, à Rome.

La fontaine qui orne cette vue est dans la cour du palais du Mont-de-Piété, à Rome.

PLANCHE 95.

Elévation du palais Rucellai, *via della Vigna Nuova*, à Florence.

Ce beau palais, connu sous le nom *del Palazzo*, *e Loggia de' Rucellai*, n'est pas tout-à-fait terminé, il reste encore à faire la moitié d'une arcade des croisées de l'angle de la partie droite, pour compléter le deuxième corps-de-logis.

Ce palais a été bâti vers l'an 1477, sur les dessins du célèbre *Leon Battista Alberti*, architecte florentin.

Elévation d'une maison *al Prato della Valle*, à Padoue.

PLANCHE 96.

Vue de la grande place, à Fiesolé.

Cette vue est prise du casin des Nobles. Le palais de l'évêque, celui du Séminaire, le couvent des Capucins établi sur le point le plus élevé des monts *Fresolani*, *e di Settignano*, et le Campanile de la cathédrale bâtie en 1028, dix-huit ans après que les Florentins eurent pris, saccagé et détruit les belles murailles et tout ce qu'il restoit de la ville de *Fesulæ*, ancienne capitale de l'Etrurie, forment l'ensemble de cette vue.

PLANCHE 97.

Porte d'une maison, à Florence.

Cette porte sert d'entrée principale à une ancienne maison située sur la place et en face de la porte du nord du Baptistere; elle est en marbre blanc, et a été exécutée par Donatello, sculpteur florentin.

PLANCHE 98.

Elévation d'une maison *via Ponte-Mole*, à Rome.

Elévation latérale d'une maison *via Ponte-Mole*, à Rome.

PLANCHE 99.

Vue d'une fabrique au pied du mont Marius, à Rome.

Cette jolie petite maison de campagne est située dans la vallée *del' Inferno*, sur la gauche en sortant par la porte *Angelica*.

PLANCHE 100.

Elévation de la porte d'une maison, à Tivoli.

Cette porte, d'un caractère noble et simple, est celle de la maison planche 55.

PLANCHE 101.

Détails de toitures, lanternes et porte-torches florentines.

PLANCHE 102.

Vue de l'amphithéâtre de Gallien, à Bordeaux.

Cet amphithéâtre, vulgairement nommé *Palais Gallien*, peut avoir été construit vers l'an 257, à l'époque où Tirique, sénateur romain, et lieutenant des armées de l'empereur, étoit chargé du gouvernement de la Guienne.

La construction de ce monument en petites pierres divisées par assises de grands carreaux en terre cuite, offre à-la-fois un modèle de solidité et d'économie; économie d'autant plus remarquable, qu'elle a été employée dans un pays pourvu d'abondantes et belles carrières, et d'un fleuve qui donnoit toute facilité pour l'exploitation et le transport des matériaux nécessaires à cette construction.

Au 18e. siècle, cet amphithéâtre étoit encore décoré par ses deux entrées principales, l'une à l'est, et l'autre à l'ouest. Ce que n'avoient pu faire des siècles, l'ignorance et la cupidité l'ont effectué : l'entrée de l'est et la majeure partie de ce monument ont été détruits.

FIN.

DE L'IMPRIMERIE DE P. GUEFFIER, RUE DU FOIN-SAINT-JACQUES, N°. 18.

BIBLIOTHÈQUE ROYALE

www.ingramcontent.com/pod-product-compliance
Ingram Content Group UK Ltd.
Pitfield, Milton Keynes, MK11 3LW, UK
UKHW020317230726
13925UKWH00002B/464